ホモ ピクトル ムジカーリス

―アートの進化史―

岩田誠

中山書店

Homo pictor musicalis

はじめに

生物界の中で、ヒトは極めて特異な生物である。

ヒトは、言葉をしゃべり、絵を描き、歌を歌い、楽器を奏で、踊り、そして演じる。それらの行為が、アートという名の活動の基本である。

これらの行為の一つ一つは、ヒト以外の動物も行うことがある。話し言葉に類似する音声記号によってコミュニケーションを行う鳥や霊長類は少なくないし、絵を描いたり字を書いたりできる動物も少なくない。また、古くから鳥の囀りや鳴き声は歌として聴かれ、ゴリラの胸叩きは打楽器の演奏になぞらえられている。それどころではなく、虫の鳴き声や蛙の鳴き声でさえ、音楽に擬えられることが少なくない。踊りに至っては、鳥類、哺乳類、果ては昆虫に至るまでの広い範疇にわたって、これを行うことが判っている。

しかし、ヒト以外の動物におけるこれらの行為は、それを見た、あるいは聴いた同種の個体に対し、一定の行動を誘発するために行われるものである。天敵である捕食動物が襲ってきたから逃げなければならないとか、こちらの方向に行ったところには食べ物があるといった情報を伝えたり、生殖行動の一環として異性を呼んだり、あるいは自分の縄張りを主張するための、聴覚信号としての鳴き声などは、個体として、そして種の一員として生きていくために必要な、重要なコミュニケーション手段である。

それに反し、同じようなことをヒトがアートとして行った場合、それは生存のためには必ずしも必要とはされない行動と考えられることが多い。むしろ、生存が確実に保障された環境条件下における、暇つぶし、あるいは娯楽の一種とされてしまうことさえあるほどである。

しかし、もしアートが生存のためには必要のない行為なのだとするなら、ヒトはなぜそんな行為をわざわざ営もうとするのか。それどころか、自分の生存の可能性が失われていくことが確実な極限的な環境下でも、ヒトは、語り、詠い、唄い、描き、奏で、踊り、演じようとする。むしろ、そういう時にこそ、ヒトはアートといえるような行為を積極的に行おうとすることが少なくない。他の生物では見られないこのような行為を行うヒトは、その点において生物界における極めて特異な存在なのである。

生物学的常識からは不可解な、このアートという営みは一体何なのか、ヒトは何故アートというような、一見生存には不要な営みを、かくも執拗に追い求めようとするのか、それらのことは、筆者にとって長年の大きな疑問であり、数十年にわたって、筆者はそれらの問題に対する答えを模索し続けてきた。

当初筆者は、自らの専門研究領域の一つである、脳機能を基盤にした神経心理学の研究を進めて行けば、その答えが見出せるのではないかという漠然とした想いの下で、これらの問題について考えてきたが、それが見当はずれであるということに気付かされるに至ったのは、筆者の孫たちの造形行動の発達過程を、直接観察する機会が得られたからである。二所帯三世代が一つ屋根の下で暮らすようになった時、幸運にも筆者は、丁度定年退職を迎える時期に達していたため、それまでは全く関心のなかった乳幼児の発達過程を、毎日間近に観察することとなり、それが長年の疑問を解くきっかけとなった。二足歩行、言語能力、そして描画能力の発達が、子供たちにとってどういう意味を持つのかということを、その発達過程の観察を通して考えていくことから、筆者は長年抱いてきた疑問に対する答えを得られるように感じ始めたのである。

しかし、乳幼児の発達は、昨日は出来なかったことが今日はもう出来るようになっているという程、変化の激しいものである。しかも、見落としてしまったことを確認するために、時計の針を巻き戻すことはできない。そんな意味で、緊張感あふれる毎日を何年も続けてきた。幸い、三歳の年齢差のある二人の孫を同時に観察することが出来たので、最初の孫で観察したことを、二番目の孫で再確認することが可能であった。それと同時に、筆者自身の両親による、自らの乳幼児時代の成長の記録が残されているのを発見したことも、大きな僥倖であった。これらの、ヒトの乳幼児期における発達を追いかけていくにつれ、アートという営みの生物学的意義を理解するには、脳を基盤とする神経心理学の研究だけでは不十分であり、視野をぐっと広げて、ヒト以外の生物をも含んだ、広大な進化史の上で、アートというものを考えていかなければならないということに気付いていった。そのような経緯から生まれたのが本書であり、既存の学問体系の分野には収まりきらない内容をまとめるために、進化史（Evolution）という形態をとった次第である。

アートについて考察していくこの巨大な研究領域は、医者である筆者の専門領域、すなわち生物科学や神経心理学の範囲を大きく超えた、筆者にとっては未知の世界を含んでおり、正直、筆者自身の理解力を超える内容も多かった。それに加え、近年では人類発達史に関わる貴重な発見を示した論文や著書が次々と発表されていくため、昨日まで真実と思って書いてきたことを、一夜にして書き直さなくてはならないようなこともあった。しかし、そのような書き直しのほとんどは、結論を大きく左右するというものではなく、むしろ筆者の得ていた結論をより確実なものにするものが多かった。

なお、本書のタイトルにもなっているホモ ピクトル ムジカーリス（Homo pictor musicalis）は、日頃からホモ サピエンス、すなわち「知恵あるヒト」という独善的な価値観に基づいた学名に対し、疑問を持ち続けてきた筆者の勝手な造語であり、ヨハン・ホイジンガ（Johan Huizinga）が用いたホモ ルーデンス（Homo ludens）という語と同じく、ホモ サピエンス（Homo sapiens）という学名で知られているわれわれに対するニックネームのようなものであり、決して科学的な種名を変えようとするものではないことを、お断りしておきたいと思う。

目次

第四章　ホモ ピクトル ムジカーリス

第五章　アートの役割

第一章

直立二足歩行革命

二本足の獲得

ヒトという生物学的存在をどう定義づけるかには、多くの異なった意見があるだろうが、進化史上から考えるなら、「直立二足歩行の能力を獲得して現在まで生き残った霊長類」というのが、最も適切ではないだろうかと思う。ヒトを含めた高等霊長類は、今日の動物分類学では、ヒト上科（Hominoidea）に分類されている（**図1**）。このうち、直立二足歩行を行ったと考えられるものがヒト亜族（Hominina）であり、そのうち現在生存している唯一の種が、ホモ サピエンス（*Homo sapiens*）すなわちヒトである。

この本で論じようとしているヒトのみが有する様々な能力、すなわち言葉を話し、絵を描き、音楽をし、利他的行為を行い、死者を悼み、しかるに集団的な身内殺しをするという能力は、直立二足歩行なしには生まれなかっただろうと考えられる。それと同時に、もし地球誕生以来最大の災害、すなわち巨大隕石の落下事件によって、高度な能力を有し、地球上の全ての生命の上に君臨していた恐竜たちが突如として滅び去るというような、想定外の突発事故がなかったとしたなら、すでに二足歩行を始めていた恐竜族の進化は更に続き、今日のヒトが営んでいるような高度な文明生活を担うような存在、すなわちホモザウルス（*Homosaurus*）とでも名付けられたかもしれないような、ヒトとよく

- ヒト上科（Hominoidea）
  - テナガザル科（Hylobatidae）
  - ヒト科（Hominidae）
    - オランウータン亜科（Pongidae）
      - オランウータン（*Pongo pygmaeus*）
    - ヒト亜科（Homininae）
      - ゴリラ族（Gorillini）
        - ゴリラ（*Gorilla gorilla*）
      - ヒト族（Hominini）
        - チンパンジー亜族（Panina）
          - チンパンジー属（*Pan*）
            - チンパンジー（*Pan troglodytes*）
            - ボノボ（*Pan paniscus*）
        - ヒト亜族（Hominina）　人類と呼ばれる
          - サヘラントロプス属（*Sahelanthropus*）
          - オロリン属（*Orrorin*）
          - アルディピテクス属（*Ardipithecus*）
          - ケニアントロプス属（*Kenyanthropus*）
          - アウストラロピテクス属（*Australopithecus*）
          - パラントロプス属（*Paranthropus*）
          - ヒト属（Homo）
            - ホモ ルドルフェンシス（*Homo rudolfensis*）
            - ホモ ハビリス（*Homo habilis*）
            - ホモ エルガステル（*Homo ergaster*）
            - ホモ エレクトゥス（*Homo erectus*）
            - ホモ ハイデルベルゲンシス（*Homo heiderbergensis*；ハイデルベルグ人）
            - ホモ ネアンデルターレンシス（*Homo nenaderthalensis*；ネアンデルタール人）
            - ホモ サピエンス（*Homo sapiens*）

テナガザル科（Hylobatidae）からボノボ（*Pan paniscus*）まで：類人猿と呼ばれる

図1　ヒト上科の分類

似た脳の形態と行動様式をとる爬虫類にまで進化していたかもしれない。二足歩行という行動様式の獲得は、その後に高度な文化を生み出す原動力であり、二本足で歩く生物は、たとえそれが爬虫類であったにせよ、哺乳類であったにせよ、必然的に今日のような文明を創りだす運命を担うに至ったのではないかと思う。

筆者が専門的に研究してきた神経心理学という科学の分野は、大脳皮質と皮質下灰白質（大脳基底核、視床など）、そしてそれらのあいだに張り巡らされた神経回路によって営まれる様々な脳機能、すなわち、注意、認知、記憶、情動、判断、言語、行為などの脳内メカニズムを研究することから成り立っているが、これらの諸機能は、直立二足歩行を営むことによって高度化し、文化という名で呼ばれるような、集団としての知的活動を生み出す高度な脳機能となった。筆者は、神経心理学という科学は、文化を営む脳機能の研究であると主張しているが、その起源をたどるには、直立二足歩行の獲得という、進化史上の革命的な出来事から論じないわけにはいかないのである。

直立二足歩行獲得の真の意義を理解するには、まず手と足というものが何を意味するかを明確にする必要がある。脊椎動物の進化をたどると、体肢の起源は極めて旧いことがわかる。脊椎動物の進化において旧い先輩格に当たる魚類の胸鰭と腹鰭が、陸に上がった両生類の体を支える前肢と後肢になった(1)。すなわち、陸上に上がった両生類においては、体肢というものはその体を支え、地上を移動するために必要な器官として形成されたのである。この時点では、四本の体肢の機能には大きな差はなかったが、そのうちに、前肢と後肢の機能分化を示すものが出現してきた。すなわち、一部の体肢が把握という新しい能力を獲得したのである。ルロワ＝グーラン（Leroi-Gourhan A）(2)は、把握能力の獲得ということを重視し、もっぱら移動のためだけに使用する体肢を足と呼び、食物を掴むための把握能力を有する体肢を手と呼ぶと定義づけた。この定義によれば、両生類はまさに四足動物である。把握能力を持つ体肢は、既に爬虫類から存在し、恐竜の中には、不完全ながら前肢で獲物を把握することができたものが居た。たとえば、イグアノドンは小指を使って小枝を把握し、オヴィラプトルは他の恐竜類の卵を盗んだとされている。彼らの前肢は手と呼ばれても良いと思われる。カメレオンのように前肢も後肢も把握能力を有し、これで木の枝をしっかりと把握して移動する爬虫類がいるが、これはあくまでも移動のための把握能力であるので、彼らの体肢を手と呼ぶことはできないであろう。猛禽類のような肉食の鳥類では、羽となった前肢は移動のためにしか用いられないのに対し、後肢は獲物を把握するために用いられるので、彼らにおいては前肢が足であり、後肢が手となったと考えられる。

手と足の分化がその動物の生活においてどのような意味を持つかを明らかに示しているのは哺乳類である。蹄を持つ哺乳類では、どの体肢にも把握能力は全くないため、彼らは完全な四足動物と呼ぶことができる。蹄を持つ動物は原則として草食動物である。彼らの食物は動かないので、把握する必要がない。これに対し、動く動物を食べる、すなわち肉食をする動物では、食物を捉えるための把握能力を獲得したものが出現してきた。ネコ科の動物や、プレーリードッグ、アライグマなどは、両前肢を用いて獲物を捉えることができるので、彼らの前肢は手と呼んでも差し支えないであろう。これに対し、同じ肉食動物であっても、オオカミ、キツネ、イヌなどの前肢には、このような把握能力はないので、彼らはやはり四足動物であると言わざるを得ない。彼らにとっての把握という能力は、体趾にはなく、口で噛み付くという動作に変換されている。

そんな中で、ヒトを除く現存の霊長類では、四肢全てが把握能力を有している。この特徴が著しいのは、類人猿である。彼らの四肢はいずれも、母趾と他の趾とを対立させてものを把握する能力を有しており、四足動物（quadruped）ではなく四手動物（quadrimanus）と呼ぶべき存在なのである。これは、夜行性の捕食者（predator）であるヒョウやライオン、トラなどから身を守るための樹上生活に適応したものと考えられるが、四肢すべてが手になってしまった類人猿の地上における移動形式は、通常の四足動物の示す四足歩行ではない。チンパンジーやゴリラでは、前肢の趾の手背側を地面につけて歩く「指背歩行（knuckle walking）」という特殊な移動形式になってしまっている（**図2**）。

最近提唱されたフィラー（Filler AG）(3)の仮説によれば、二一〇〇万年前に生存していたが今は絶滅したヒト亜族と現存の類人猿との共通の祖先と考えられるモロトピテクス（*Morotopithecus*）は、直立二足歩行をしていたという。彼によれば、この共通の祖先から進化したヒト亜族は、祖先の直立二足歩行を継承したが、進化の途中でわかれたチンパンジーやゴリラの祖先たちは、サバンナでの直

図2　チンパンジーの指背歩行（knuckle walking）
（撮影：京都大学野生動物研究センター・山梨裕美）

立二足歩行の生活をやめ、森林内での樹上生活に適応し、四手動物として進化したのであろうという。彼の唱えるところによれば、四足動物が二本足で立ち上がって二つの手を獲得した後、体肢をすべて手に変えた四手動物として進化してきた現存の類人猿に対し、祖先と同じ二本足生活を保存してきたのが、われわれヒトであるということになる(3)。この仮説が正しいのか間違っているのかは、将来の検討を待つしかないわけであるが、霊長類の進化史上のいずれかの時点で直立二足歩行が成立するためには、骨盤の形態の変化、脊柱や下肢の骨格やそれを支える筋肉の変化などが必要であったはずであり、また二本の足で立ち上がり、歩くために必要な高度の平衡能力の獲得もまた、重要であったに違いない。進化史上、これらの能力がいかにして獲得されてきたのかは、これから明らかにされていく問題であるが、少なくとも今から約四〇〇万年ほど前に地球上に現れたア

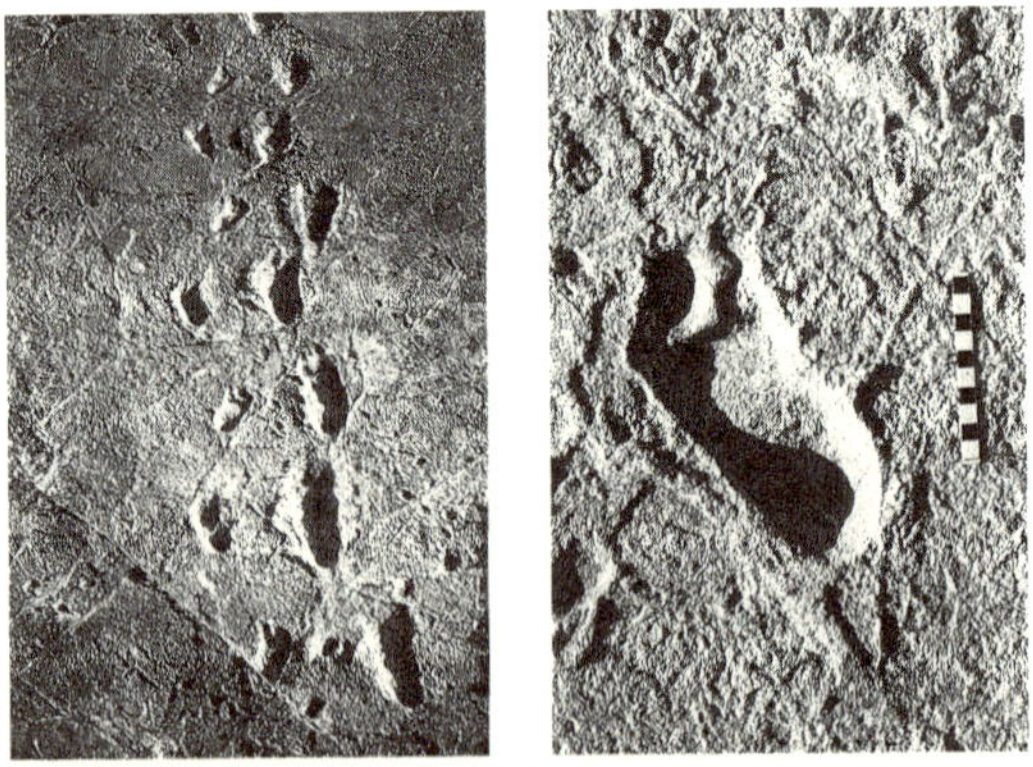

図3　ラエトリに残るアウストラロピテクスの足跡の化石
(ジョハンソン DC，ジョハンソン LC，エドガー B・著，馬場悠男・訳「人類の祖先を求めて」別冊日経サイエンス 117，日経サイエンス社，1996[4)]，p31より)

ウストラロピテクス（*Austraropithecus*）と呼ばれるヒト亜族の遠い先祖は、すでに立派な直立二足歩行を日常的に営んでいたと考えられている。そのことを示すのは、東アフリカ、タンザニアのラエトリで発見された足跡の化石（**図3**）である(4)。この足跡は、三五〇万年ほど前に、アファール人（*Austraropithecus afarensis*）が火山灰の上に残したものと推定されており、数十メートルにわたって、二人のアファール人が並んで歩いていたと推定されている。

しかし、興味深いことは、このような直立二足歩行を始めたアウストラロピテクスの脳容積は約四五〇ミリリットルであり、この値はチンパンジーやゴリラといった現存の類人猿とほぼ同じ程度の大きさでしかなかったということである(5)（**表1**）。つまり、四〇〇万年前に直立二足歩行を始めたヒト

表1　類人猿とヒト属の脳の大きさ

種名	脳容積（mL）
現生高等霊長類（チンパンジー、ゴリラ）	450
アウストラロピテクス	450
ホモ ハビリス	800
ホモ エルガステル	1,000
ハイデルベルグ人	1,200
ネアンデルタール人（旧人）	1,450
現生人類（新人）	1,300

（Mithen S, 1996[5)] より）

亜族は、現存の類人猿と同程度の能力を持つ脳しか持っていなかったと推定される。ヒト亜族の脳が大きさを増し、今日のヒトが有する巨大な脳を持つに至ったのは、直立二足歩行をはじめてから後のことであった。すなわち、直立二足歩行という生活様式をとるようになったことは、脳の巨大化を阻む進化の制限因子のひとつを取り払う革命的な出来事であったと考えられるのである。

二足歩行で脳が巨大化できた

哺乳動物の進化の中で、脳は次第に巨大化する道を歩んでいた。しかし、それを阻むいくつかの制限因子があるため、ヒト以前の進化の過程においては、脳の巨大化は足踏みせざるを得なかった。その制限因子の第一は、頭部を支える力学的な問題である(2)。四足動物では、体の最前端に位置する頭部が前方に落下するのを、後頸部の強力な靭帯や筋肉で支えなければならない。脳の巨大化により頭部の重量が増大しすぎると、これを支えるためのエネルギー消費が大きくなりすぎてしまい、生存に不利となる。この問題は、特に硬い植物を咀嚼するための頑丈な下顎を持つ動物では、顔面部の重量が増すため、より一層深刻になる。いずれにせよ、これらの力学的な問題が制限因子となって、地上で四足歩行を営む動物では、ある程度以下の大きさの脳しか持つことができない。この問題を解決したのは、イルカのような水棲哺乳類である。彼らは浮力によって重い頭部を支えることができるため、ヒトの脳に匹敵するほどの巨大な脳を持つことが可能となったと考えられる。

制限因子の第二は、脳の熱発生の問題である(6)。ヒトの脳は、一〇〇ワットの白熱電球なみの熱を発生すると言われている。したがって、脳が大きくなれば、それをいかにして冷却するかが問題となる。脳の冷却がうまくできなければ、すぐに熱中症の状態になってしまい、生命を保持することができなくなる。先に述べたイルカなどの水棲哺乳類では、体温より温度が低い海水で頭部を冷やすことができるため、重力の問題だけでなく冷却の問題においても、脳の巨大化制限因子を取り去ることができたと考えられる。しかし、アフリカのサバンナのような太陽光の降り注ぐ開けたところでは、大地が高温に熱せられるため、地面から脳までの距離が近いと、脳は冷却どころか輻射熱で加熱されてしまう可能性があり、巨大な脳は生存に不利になる。類人猿がジャングルで樹上生活を営んでいる理由の一つは、熱発生の制限因子によるものではないかと考えられる(7)。マウンテン・ゴリラが暮らすアフリカの山岳地帯は、標高三〇〇〇メートルもある森林地帯であり、気温は低く、頭部を冷却するのに好都合である(8)。しかし、直立二足歩行を続けることができない彼らがそのままサバンナに出ていけば、たちまち熱中症になるだろう。これに対し、直立二足歩行者の頭部は、サバンナに生い茂る草よりも高いところに位置するため、地上からの輻射熱を受けにくく、またサバンナを吹き渡る風で頭部を空冷式に冷やすことができる(6)。脳の巨大化の第二の制限因子の問題もまた、直立二足歩行によって解決できるのである。

脳の巨大化を阻む第三の制限因子は、食餌の問題である。熱発生が多いということは、脳がそれだけ多くの熱量を消費するということであり、低カロリー食では、脳の巨大化は望み得べくもない。四〇〇万年前に現れたアウストラロピテクスは、二五〇万年前頃、巨大な下顎を持ち咀嚼能力に優れたパラントロプス（*Paranthropus*）属と、顎の造りが華奢なヒト属に分かれていく(4,6)。パラントロプス属はその強大な咀嚼力によって、木の根などの硬い植物を食べることができたのに対し、華奢な顎しか持たないアウストラロピテクスやヒト属は、硬い植物を食べることはできなかった代わりに、軟らかい果物や、虫や卵、あるいは死肉などの動物性食品を食べた。その結果、淘汰圧に耐えて残ったのは、華奢な顎で雑食をしたヒト属であり、一見強そうに見えたパラントロプス属は、その後絶滅する。その理由は、完全草食であったパラントロプス属よりも、雑食をしたヒト属のほうが、はるかに高カロリーの食事にありつけたため、脳の巨大化という進化の波に乗りやすかったのであろうと考えられる。

　草食と肉食、あるいは雑食とのエネルギー効率を示すものとして、食事の質係数（Diet Quality index=DQ）というものがある。これはセイラー（Sailer LD）らによって提唱されたものであり[9-11]、ある種の動物が摂取する食物の内容（%）を、植物の葉や茎の部分（s）、食物の種子や実、球根などの再生産の部分（r）、動物の成分（a）にわけ、DQ=s+2r+3.5aで表した数値である。食事の内容が植物の葉や茎ばかりであればDQは一〇〇となり、肉食のみであればDQは三五〇になる。霊長類におけるDQを調べたレナード（Leonard WR）ら[9、10]の研究によれば、ヒト以外の霊長類では、対数表示した体重とDQとは直線的に逆相関し、体重の軽い霊長類では昆虫など動物を食べるためにDQが高いのに対し、体重の重い霊長類では、主として植物の葉や茎を食べるためにDQが低い、すなわち、類人猿たちは食事の質係数が低い生活をしていることがわかる。ところが、ヒトのDQはこの再帰曲線上には乗らず、体重に比して極めて高い値を示している。これは、他の霊長類に比して、体重あたりの摂取カロリーが極端に多いということを表している（**図4**）。一方、化石人類をも含めた様々な霊長類において、全消費熱量中の脳の消費熱量の比を求めると、現存のチンパンジーではその比が一〇%未満なのに対し、ヒト亜族ではその比がはるかに大きくなり、消費熱量中のおよそ四分の一が、脳によって消費されるという[11]。これだけ多くの消費熱量を脳に割り振ることができるようになったということは、エネルギー効率の良い食事、すなわちDQの高い食餌をとるこ

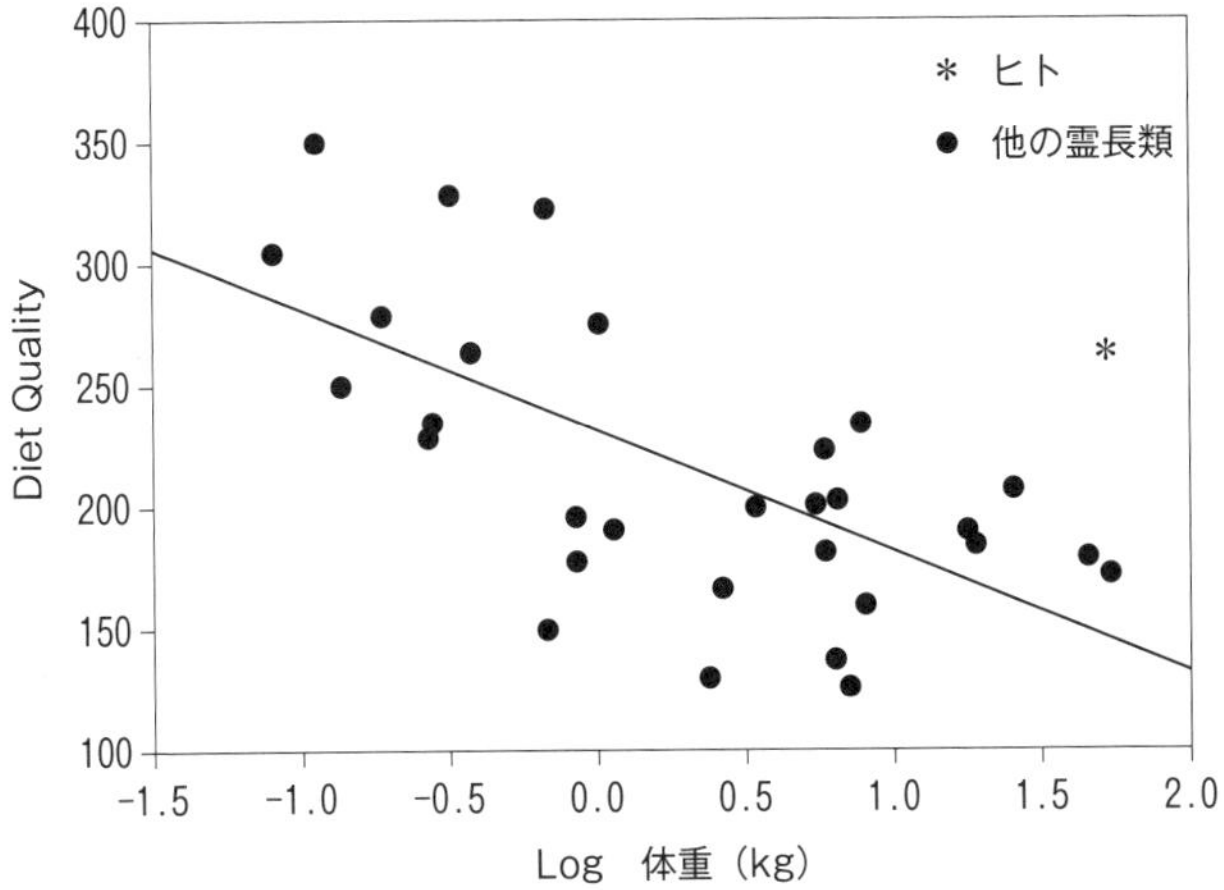

図4 霊長類における体重とDQの関係

（Leonard WR et al, 2003[10]，図2より）

とができたからであろう。今日のヒトにおいては、イヌイットのようにほとんど完全な肉食生活、すなわちDQ＝三五〇の食生活をしている人々もいるが、大多数の人々は、穀類（r）を主食とする農耕民である。それでもDQは二〇〇以上であり、類人猿を含めた他の霊長類とは比べものにならないほどの高カロリー食をとっていた(9)。すなわち、巨大な脳を維持するに十分な食生活をしてきたと考えることができるのである。

直立二足歩行と高カロリー食

食物の摂取という点において、直立二足歩行には二つの有利なことがある。その第一は、自由になった手による道具の製作と使用である。動物の中には、嘴でちぎった葉を釣り針のように用いて虫を捉えて食べる鳥類や、腹に載せた貝を手に持った石で叩き割って身を食べるラッコ、棒を使って餌を引き寄せるサルなど、自然環境下において道具を用いて食餌を獲得するものは少なくない。野生チンパンジーでは、木の小枝を使ってアリを釣り上げて食べたり(7)、石を使って硬い木の実を割って食べたりすることがよく知られている。しかし、このような道具を使うチンパンジーがその道具を使用する際には、安定した座位で道具を用いるか、あるいは片手を地面についたり、何かに掴まったりして、空いたほうの自由になった手のみで道具を使用するか、どちらかしかできない。すなわち、道具使用時の両手の自由度は大きく制限されている。また、石器のような道具をしっかり握って、石器を作ったり、動物の皮などを剥ぎ取るような動作は不可能である。これに対し、アウストラロピテクスのような直立二足歩行が可能であったヒト亜族の祖先たちにおいては、両手の自由度が桁外れに大きく、立ったまま両手で道具を使用することが可能であったと考えられる。実際、現存の高等霊長類と化石人類において、母指、中指、小指の中手骨の構造を詳細に分析したスキナー（Skinner MM）ら(12)の研究によれば、アウストラロピテクスの中手骨は、チンパンジーやゴリラとは異なって、「指背歩行」をする構造ではなく、母指と対立させて石器のような道具をしっかり握るに適する構造になっていることが明らかとなった。彼らは、すでに立派な道具の使い手だったと考えられる。

アウストラロピテクスが道具として用いたのは、オルドワン石器と呼ばれる、石を叩き割って作った素朴な石器（**図5**）であり(6)、二六〇万年前のものが発見されている。最近、ケニアのトゥルカ

図5　アウストラロピテクスの用いた石器
（タッターソル I・著，高山博・訳「最後のネアンデルタール」別冊日経サイエンス 127，日経サイエンス社，1999[6)]，p50 図34より）

ナ湖西岸で発見され、ロメクウィアン石器と名付けられたものは更に古い時代のもので、およそ三三〇万年前のものと考えられている(13)。叩き割ってできた鋭い先端や、刃のような稜を、道具として用いたのである。このような原始的な石器を用いて彼らが行った作業の一つとして重要なものに、死肉あさりがある(4)。貧弱な体力しか持たなかったアウストラロピテクスには、十分な狩りの能力はなかった。サバンナを歩き回って彼らが見つけることができたのは、肉食獣の狩りによって残された動物の屍体である。それも、屍体あさりを専門とするハイエナやハゲワシまでが食べ尽くした後の残骸であった。捕食獣たちは、捉えた獲物の、容易に引き裂くことができる肉の部分しか食べず、ハゲワシも、彼らが食べ残した肉の部分しか食べない。しかし、強力な咀嚼力を持つハイエナは、食べ残しの肉だけでなく、薄い骨を噛み砕き、食べてしまうことができる。しかし、さしものハイエナとても、有蹄類の四肢の長管骨などは硬すぎて歯が立たないため、こういった骨は、サバンナに残されたままとなる。アウストラロピテクスをはじめとするヒト亜族の祖先たちは、こうしてサバンナに捨て去られた骨を、石器を使って打ち砕き、骨の中で手付かずになっている骨髄を食べたのではないかと考えられている(4)。骨髄組織は脂肪とタンパク質が豊富であり、栄養価が高い。アフリカのサバンナで捕食獣の犠牲になり、屍体あさりの動物たちによって食べ尽くされ、打ち捨てられた羚羊の四肢から、実際に石器を使って骨髄を取り出してみた野外実験によると、四肢の骨髄だけで一五〇〇キロカロリーの熱量が得られるという(4)。もちろん、運良く手付かずの屍体がまるごと見つかれば、彼らは手早く皮を剝ぎ、解体して食用部分を手にすることができたであろう。このようにして、草食生活では得られないほどの高カロリー食が得られるようになったのは、直立二足歩行ができたからである。

食物摂取における直立二足歩行の利点の第二は、獲得した食料を、遠く離れた場所にまで運搬することができるということである(4)。類人猿をはじめとして、霊長類のほとんどのものは、固定した巣を持たず、食物を探して縄張り内を移動する生活を営んでいる。毎日日暮れになると、その夜の安全を守るための巣を作り、そこで眠って次の朝を迎えるというのが類人猿の生活様式であり、定住生活というものは存在しない(7、8)。類人猿にとって、食餌というものは、採取した現場で食べるものであり、採取した食物を一定の住処に持ち帰って家族や仲間と共有するということはできないのである。これに対し、直立二足歩行を始めたヒト亜族の祖先たちは、手に入れた食物をその場で食べずに、より安全な場所まで持ち帰って食べることができた。その場で食べずに持ち帰ることができるということは、食物採取の時は、採取作業のみに専念すればよいということであるから、食物獲得の効率を上げることができ、より多くの食物を獲得することができる。このようなことができれば、捕食者が沢山いる危険なサバンナに、群れ全員で食餌を求めに出かけて行かなくてもよくなる。直立二足歩行を獲得したヒト属の祖先たちは、子供たちを母や祖母たちと共に安全な住処に残し、男たちだけで、予め作っておいた石器を携えて、食物獲得のためのサバンナ遠征を行うようなことを始めたのであろう(5)。こうした初期のヒト亜族たちは、一〇人程度の少数の群れを作って生活していたと考えられているが、彼らは、このような生活を営むことによって、群れの安全性を確保しながら、高カロリー食の摂取を確保していったのではないかと考えられる。

高カロリー食を可能としたもうひとつの要因に、食品に対する意図的な火の使用、すなわち調理の発見がある。大型高等霊長類が食事にかける時間は長く、チンパンジーは全生活時間の三七％を食事に当てているが、ヒトにおける食事時間は、四・七％と極めて短い(14)。現存の高等霊長類の食事時間を綿密に調査したオーガン（Organ C）ら(14)によれば、食事に費やす時間と、臼歯の大きさとには相関があるという。これに従って化石人類の食事時間を推測すると、草食性であったと考えられるパラントロプスの食事時間は、四三％であるのに対し、ヒト属であるホモ ハビリスでは七・一％、

表2　霊長類と化石人類の食事時間

種	食事時間の割合（%）
現生チンパンジー	37.0
パラントロプス	43.0
ホモ ルドルフェンシス	9.5
ホモ ハビリス	7.2
ホモ エレクトゥス	6.1
ネアンデルタール人（旧人）	7.0
現生人類（新人）	4.7

（Organ C, et al. 2011[14] より）

ホモ エレクトゥスでは六・一%、ネアンデルタール人では七・〇%であったと推定され、アウストラロピテクスからヒト属に進化する時点で、食事時間が急激に短くなっていることがわかる（**表2**）。彼ら(14)は、この大幅な食事時間の短縮は、ヒト属が火の使用によって調理された食品を食べるようになったため、咀嚼に要する時間が短縮できるようになったからであろうとしている。火を用いた調理は、単に食事時間を短縮しただけでなく、消化吸収の効率を高め、また食品からの微生物感染症を防ぐためにも役立ち、ヒト属の生存能力を高めることにもなったと考えられる。

脳の巨大化が始まる

先に述べた通り、約四〇〇万年前に直立二足歩行を始めたアウストラロピテクスの脳の大きさは、チンパンジーやゴリラなど、現存の類人猿の脳とほぼ同じ程度であり、そのような状態は、その後約二〇〇万年間ほど続く(5)。その後二〇〇万年前から一五〇万年前までの約五〇万年程の間に、巨大化に対する制限因子が解けた脳は、急激に大きさを増した（**表1**）。ここにおいて、初めて真の意味でのヒトの祖先にあたる旧いヒト属（*Homo*）が地球上に現れる。この頃アフリカで生まれた旧いヒト属は、約八〇〇ミリリットルの大きさの脳を有するに至っていた(5)。そして彼らは、生まれ故郷のアフリカを離れ、ユーラシア全体に移動していった(4-6)。その裏には、安定した食生活を確実なものとしたヒト属の人口が増大していくことによって、居住域を広げねばならないという事情があったものと思われる。この移動の間にもヒト属の進化は続き、一〇〇〇ミリリットル程度の大きな脳を持つホモ エレクトゥス（*Homo erectus*）が出現してきた(5)。彼らもまた、アフリカを出て移動していった。今日、ジャワ原人、あるいは北京原人と呼ばれるのは、東アジアに進出していったホモ エレクトゥスである。

その後も、ヒト属からは、*Homo heiderbergensis*（ハイデルベルグ人）、次いで *Homo neanderthalensis*（ネアンデルタール人）と呼ばれる、更に大きな脳を持つヒト属が出現してきた(5)。中でも、ネアンデルタール人の脳は巨大で、大きさにおいて現代人の脳を凌ぐ一六〇〇ミリリットルという巨大な脳を持つものもいたことがわかっている(5)。彼らは、アフリカから中近東を経て、キルギスに入り、そこからヨーロッパに進出していった。そして、今から約八〇万年ほど前に、西ヨーロッパの果、スペインの大西洋岸にまで到達したと考えられている。

ヒト属の中で最後に生まれたわれわれの直接の祖先、ホモ サピエンスは、約十五～二十万年ほど前に、やはりアフリカで誕生した(15)。八万五千年ほど前の氷河期に、彼らの一部は、そこから氷河期当時は浅海であった紅海南端を対岸に渡ってアラビア半島の南岸部に至り、さらにペルシャ湾南端を渡って、今のイラクあたりに移動した(15)。その後、彼らは、ここから地球上のあらゆる地域に移動していったと考えられている(15)。その移動速度は早く、東アジアを経てオーストラリア大陸には約六万五千年前、ヨーロッパには約四～五万年前、中国には約七万年前、そして四万年前には、そこから当時はベリンゲアと呼ばれる大陸をなしていて、陸続きだったベーリング海峡を渡り、北米大陸、そして南米大陸の最南端に、約一万二千年前に到達したと考えられている(15)。このようにして、直立二足歩行という能力を獲得したヒトは、この地球上のあらゆる地域に、その居住域を広げていったが、それを可能としたのは、移動のために必要だった二本の足と、足あるが故に自由度が増し、複雑な動作を行うことが可能となった両手、そしてその結果得られた、環境適応力を飛躍的に広げてくれる巨大な脳であった。すなわち、霊長類としての四手の状態ではなく、後肢を足に変えた状態での直立二足歩行を行っていたために、ヒトは地球上のあらゆる地域に住むことができるようになり、生物学的な意味での今日の繁栄を謳歌するに至ったということができる。

直立二足歩行の個体発生

何事にあれ、生物における進化の道筋をたどっていくにあたっては、古生物学の知見と共に、現存の様々な生物の比較研究を行って、その系統発生（Phylogenesis）学的考察を行わなくてはならない。これまでに論じてきたのは、そのような系統発生学的考察であった。しかしもう一方では、現存の生物における個体発生（Ontogenesis）学的な考察も行わなくてはならない。特に、直立二足歩行というような、現存のいかなる動物も営むことができないような機能を論じるには、ヒトを研究対象として、直立二足歩行の個体発生を検討しなくてはならない。そこで、移動能力の発達という観点からヒトの個体発生について考察してみたい。

ヒトの新生児には、自らの力で移動する能力はない。しかし、生後八か月頃から、乳児は移動能力を示し始める。初めに出現するのは、腹臥位で腹を床につけたまま両手で床を押し、体全体を後方に移動させるような運動（crawling）である。これに次いで、生後十か月程度になると、掌と膝を床につけて四這いで行う、いわゆる這い這い（creeping）が出現してくる（**図6**）。這い這いはヒトの乳児に特有な移動様式であり、他のいかなる現存の動物もこのような移動形式をとるものはない(16)。これに次いで、一歳を過ぎる頃から、つかまり立ちが始まり、一歳数か月頃から、よちよち歩き、すなわち直立二足歩行の萌芽がみられるようになる。この経過を詳細に観察すると、これと同時に足底

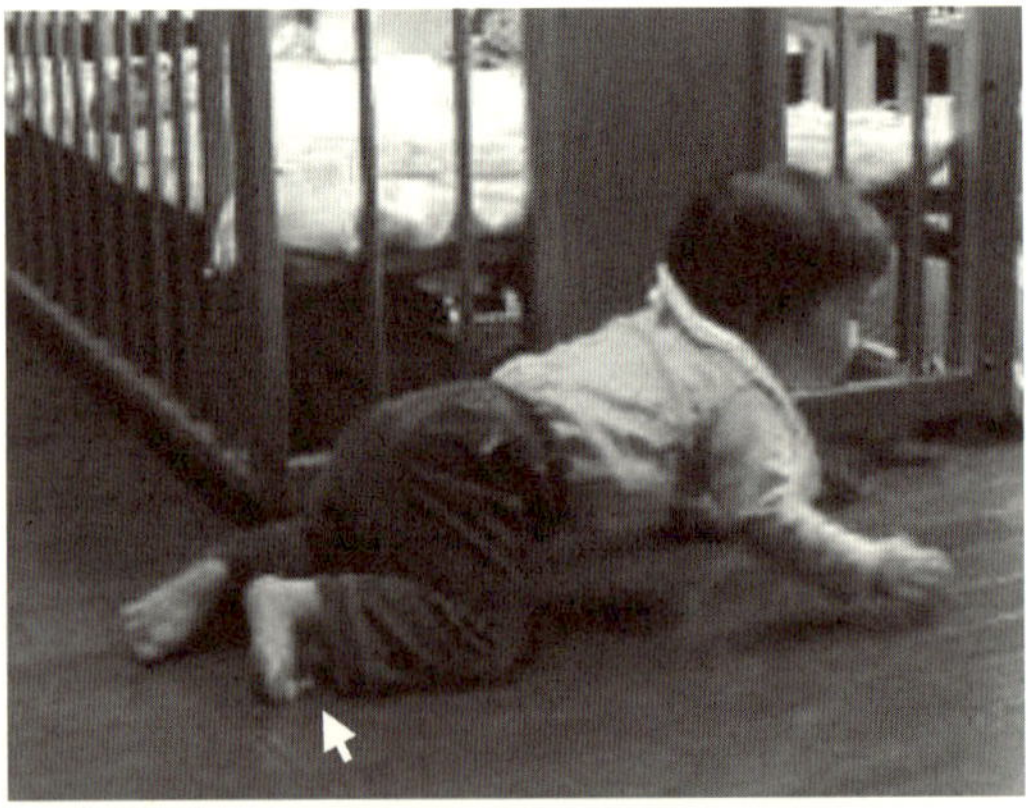

図 6　這い這いで進み始める13か月半の乳児
背屈した母趾(→)を強く底屈することにより推進力を出している

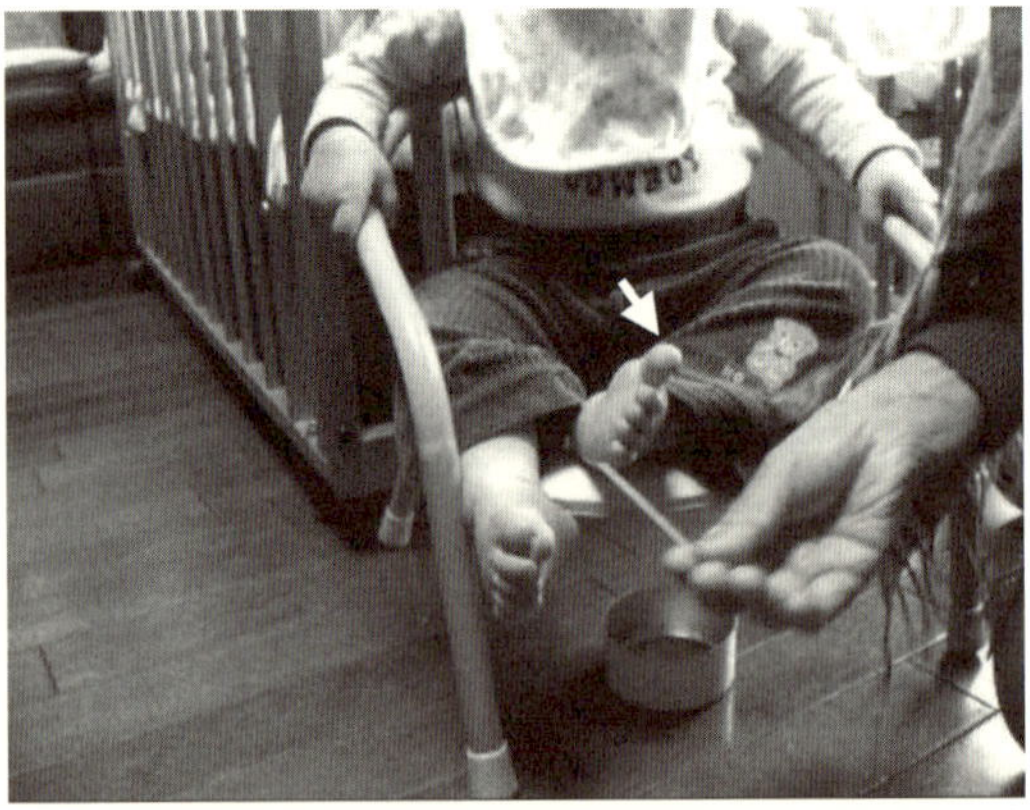

図 7　這い這い時期の背屈型足底反応（→）（13か月半）

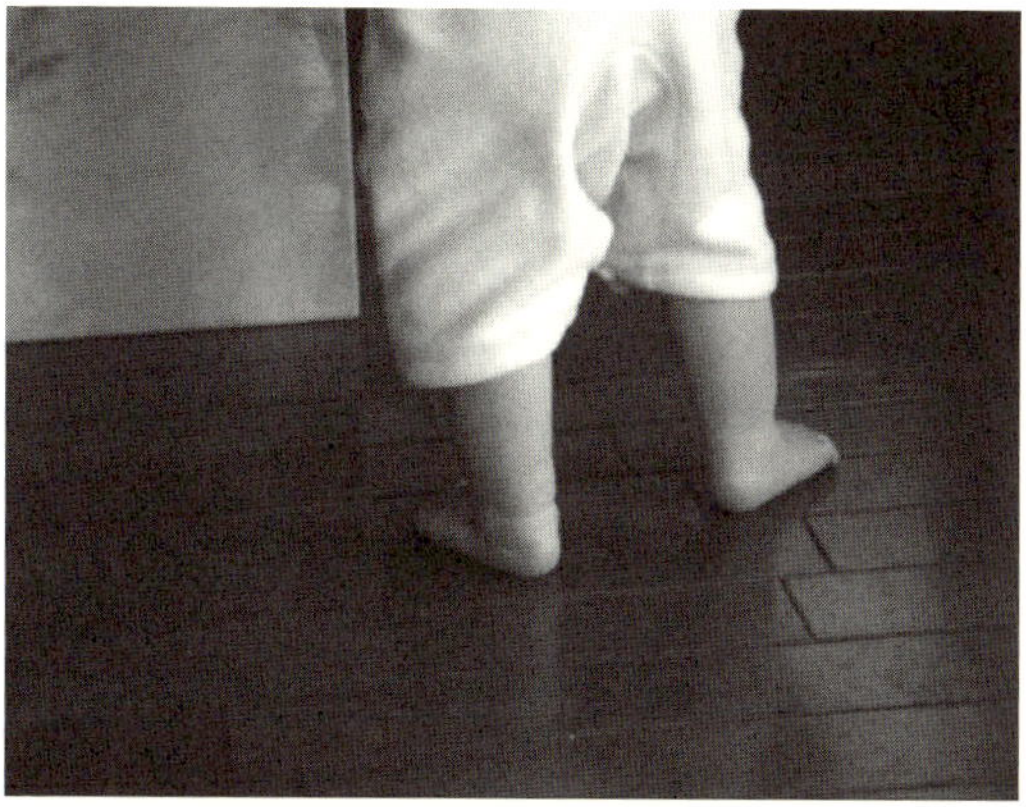

図8　つかまり立ちする乳児（14か月）

反応の様式に変化が認められる。新生児から、つかまり立ち以前の乳児の足底外側部を、楊子のようなもので、踵から足先にかけて擦ると、足趾、とくに母趾が足背側に背屈する（背屈反応・**図7**）。通常の成人で同様の刺激を与えると、母趾を含めた足趾は、足底側に底屈する（底屈反応）。乳児の発達過程において、この足底反応が背屈反応から底屈反応に変わるのがいつかということを観察すると、這い這い時期に、つかまり立ちができるようになり（**図8**）、特に踵を上げ背伸びしてつま先立ちになることができるようになると、足底反応が、背屈から底屈に変わることが明らかになった[16]（**図9**）。また、這い這いをしている乳児をよく観察すると、座位から這い這いに移るとき、這い這いの進行方向を変える時などに、前方に出した側の母趾の背屈が頻繁に生じており、背屈した母趾を強く底屈することによって、推進力を出していることがわかった[16]（**図6**）。この母趾背屈パタ

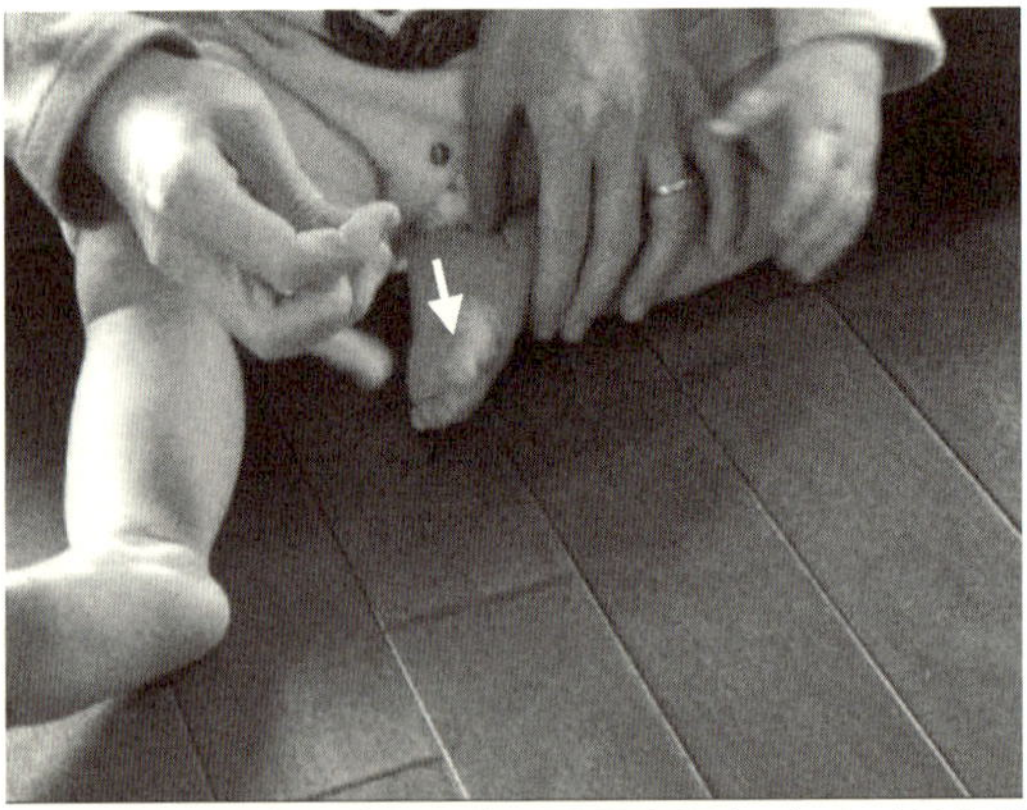

図9　つかまり立ち時期の底屈型足底反応（→）（14か月）

ーンは、成人の通常歩行にも見られるものである。成人の歩行においては、前方に踏み出した側の下肢の母趾は背屈し（**図10**）、次いで反対側の下肢を踏み出す時に、強く底屈して前方への推進力を生み出している(17)。すなわち、這い這いで見られる母趾背屈は、成人の歩行において見られる母趾背屈と全く同じ、直立二足歩行に必要な運動パターンなのである。

新生児を支えて直立させ、足底を床に接触させると、下肢を交互に踏み出し、自動的な歩行運動を生じることが知られているが(18)、このことは、ヒトにおいてはその個体発生の初期から、すでに直立二足歩行における歩行運動の神経機構が備わっていることを示している。這い這い時期においてみられる背屈反応は、このような二足歩行の神経機構の現れと見ることができよう。直立二足歩行においては、足を踏み出す時に、先ず踵側から着地し、次いで床との接触部分が次第に足底の前方に移

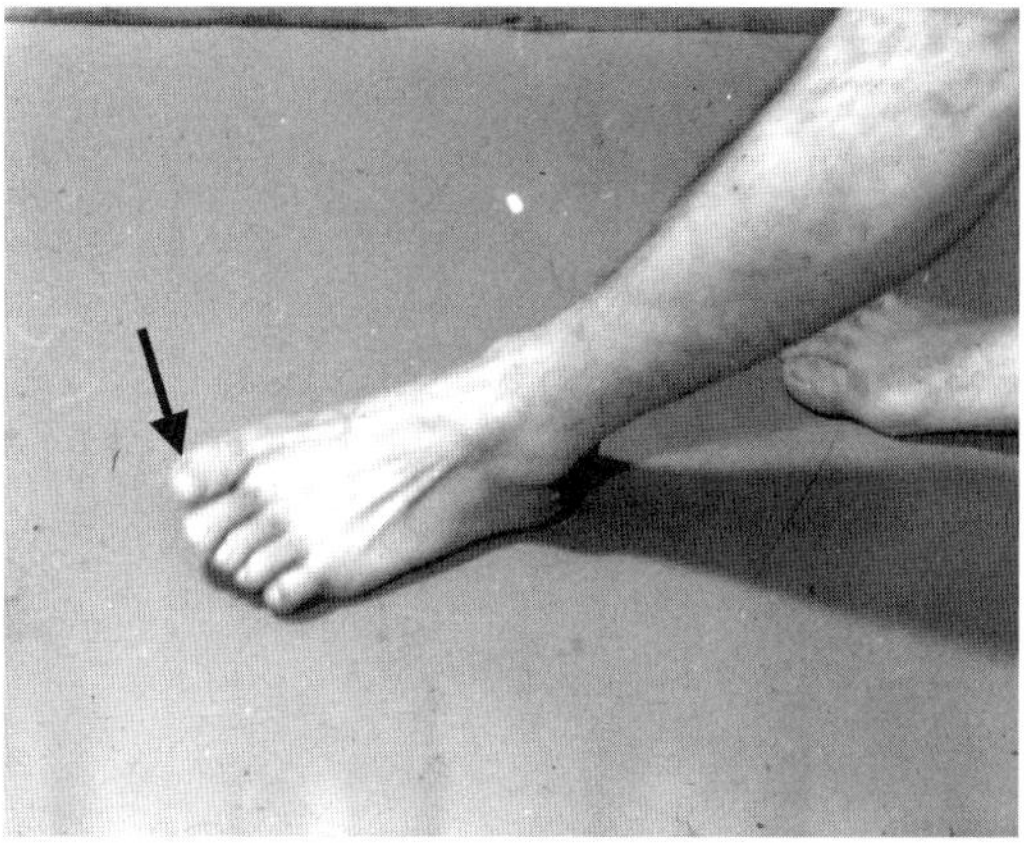

図10　成人の歩行時の母趾の背屈（→）

ってゆき、最終的に足趾の基部が床に接触することになる。土踏まずが形成された成人では、この時の接地部位は、足底外側の踵から第5趾の基部、次いで母趾の基部という順番になるが、これは、臨床神経学において、足底反応を調べるために刺激する時の、刺激の与えられる部位の時間系列にほかならない。立ち上がることのできない新生児、乳児において、このような時間系列で与えられる触覚刺激によって、歩行運動における母趾背屈反応が出現することは、ヒトの神経系において、直立二足歩行の神経機構がいかに強固に組み込まれているのかを示すものと考えてよいだろう。

それでは、乳児における背屈反応が消失し、成人のような底屈反応に変わるのはどうしてなのだろうか。これについて考察するためには、成人における足底反応とその異常についての研究を取り上げる必要がある。臨床医学において足底反応を系統的に取り上げたのは、ババン

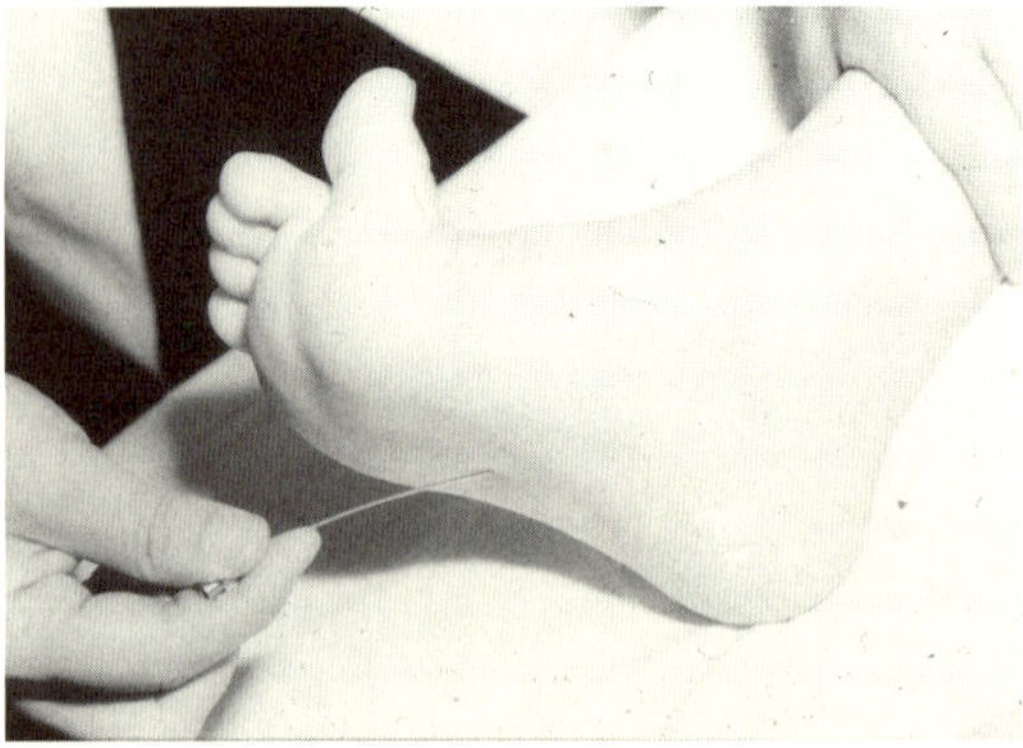

図11　錐体路病変によるババンスキー徴候

スキー（Babinski J）(19)である。一八九六年、彼はたった二八行からなる極めて短い論文を生物学会に発表した。それは、健常人においてピンなどで足底外側を、踵から足趾方向に擦ると、股関節、膝関節、足首の関節がそれぞれ屈曲し、足趾は底屈するのに対し、器質性片麻痺のある患者の麻痺側では、股関節、膝関節、足首の関節はそれぞれ同じ様に屈曲するが、足趾、特に母趾が背屈する、ということを述べたものである。彼は、この背屈現象を、足指徴候（signe des orteilles）と呼んだ(19)。その二年後、彼は、この足指徴候は、錐体路の器質的病変がある時に生じることを明らかにした(20)。それ以来、足底反応における足趾背屈反応は、ババンスキー（バビンスキー）徴候と呼ばれ、錐体路病変を検出するための最も有用な診断手技とされるにいたっている（**図11**）。

その後、足底反応の神経機構に関する神経生理学的研究が進み、今日では、足底反応は、二種類の異なった皮膚反

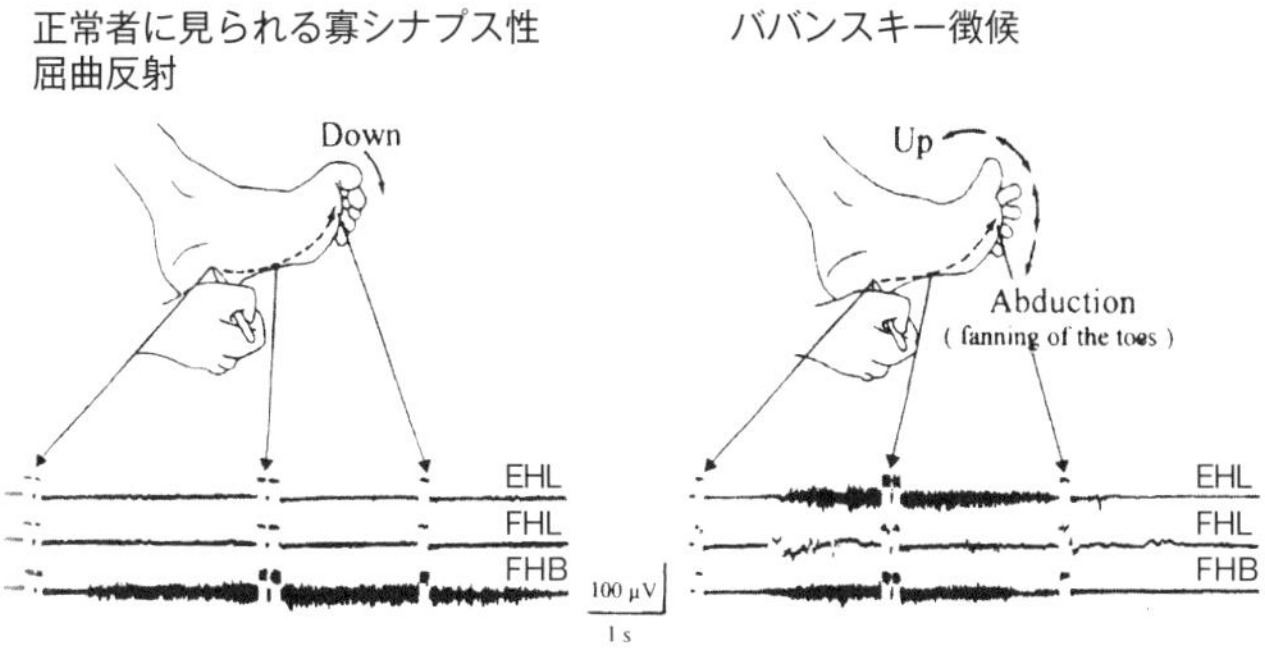

図12　二つの足底反応
EHL：長母趾伸筋の筋電図，FHL：長母趾屈筋の筋電図，FHB：短母趾伸筋の筋電図．
（Bathien N, 1970, 1996[22] より）

射の組み合わせからなっているということがわかっている(21, 22)。成人における母趾を含めての足趾屈曲反応を生じるのは、第1仙髄領域皮節に与えられた触覚刺激で誘発される、寡シナプス性屈曲反射(22)であり、成人においては閾値が低く、容易に誘発される。これに対し、足趾、特に母趾背屈反応を生じるもう一つ別の反射があるが、この反射の閾値は高く、通常は侵害刺激となるような強い皮膚刺激でないと生じない（侵害受容反射）(22)。また、刺激を与えてから、運動効果が発現するまでの時間（反射潜時という）も、寡シナプス性皮膚反射に比して長い。この反射は、足趾、特に母趾を背屈させる反射である。健常人で足底を擦った場合には、閾値の低い寡シナプス性皮膚反射が優勢となり、足趾は底屈するが、母趾背屈を生じる侵害受容反射も、潜在的に生じている(21, 22)。ヒトにおける錐体路は、寡シナプス性皮膚反射に対しては促進的に、母趾背屈を生じる侵害受容反射に対しては抑制的に作用しているため、健常者では、寡シナプス性皮膚反射によって生じる足趾底屈反応のみがみられるが、錐体路病変があると、脱抑制により増強した侵害受容反射が優勢になって、足趾、特に母趾の背屈反応が生じる。これが、バビンスキー徴候の発現機序と考えられている(21、22)(**図12**)。

さて、それまで這い這いしかできなかった乳児が、つかまり立ちをし、しかも踵を上げて背伸びをするようになった時に生じる変化は、足および足趾の抗重力運動の確立である。支えなくして直立位を保つことができるためには、体幹と下肢の筋肉が、重力に抗して直立姿勢を保つだけの筋力を獲得していなくてはならない。巨大な脳を有するに至ったヒトは、直立二足歩行が可能となった見返りとして、骨盤底は狭くならざるを得なくなった。このために狭まった産道を児の大きな頭が通過できるようにするためには、身体的には未成熟なうちに、出産してしまわざるを得ない。これが、いわゆる生理的早産(23)である。このため、ヒトの新生児は、他の動物と比べて大変未成熟であり、四肢の運動能力が極めて低く、直立二足歩行に必要な下肢筋力が発達してくるには、生後一年以上を有するのである。しかし、歩行に関わる神経機構は既にでき上がっているので、背屈型の足底反応が現れるのであろう。これに対して、つかまり立ちができるようになる時期において遅れて発達してくる下肢抗重力筋の筋力増大とともに足趾の底屈筋力が強くなってくると、足底反応は底屈型に変わるのであろうと考えられる。

興味深いのは、ヒト以外の類人猿における足底反応の発達である。フルトン（Fulton J）ら(24)によれば、生後数か月のチンパンジーの足底反応は底屈型であり、ヒトの乳児におけるような背屈型足底反応は見られないという。このことは、チンパンジーの幼児では、早くから下肢の抗重力筋の筋力が十分に発達していることをうかがわせる。しかし、彼らがヒヒ、テナガザル、チンパンジーで行った、大脳皮質運動野の切除による錐体路破壊実験によれば(24)、これらの動物では、ヒトと同じような背屈型足底反応、すなわちバビンスキー徴候が観察されたという。もし背屈型足底反応が二足歩行に必要な神経回路の形成を意味するのであれば、二足歩行をほとんど行わない彼らで、どうして背屈型足底反応が見られるのであろうか。これに答えるのは、フィラー(3)が提唱した仮説であろう。彼によれば、一六〇〇万年ほど前に生息していたが今は絶滅したヒトと類人猿との共通の祖先たちは、直立二足歩行をしていたが、その後の進化の途上でわかれていった類人猿たちは、一旦獲得した直立二足歩行をやめ、樹上生活に適応していったという。そうだとすると、フルトンら(24)が、テナガザルやチンパンジーの錐体路破壊実験で観察したバビンスキー徴候は、彼らの神経系においては、直立二足歩行に必要な神経回路が潜在的に形成されていることを示すのではないかと考えることができる。そうだとすると、彼らが同じように実験的に観察したヒヒのバビンスキー徴候は、*Morotopithecus* とヒヒとの共通祖先もまた、直立二足歩行をしていたとは、考えられないだろうか。

第一章　文献

（1）Romer AS. The Vertebrate Body:Shorter Version. 3rd ed. Saunders, Philadelphia and London（1962）

（2）Leroi-Gourhan A. Le Geste et la Parole. Edition Albin Michel, Paris（1964, 1965）／荒木亨（訳）『身ぶりと言葉』（ちくま学芸文庫）、筑摩書房、東京（二〇一二年）

（3）Filler AG. The Upright Ape. Career Press, Franklin Lakes（2007）／日向やよい（訳）『類人猿を直立させた小さな骨―人類進化の謎を解く』東洋経済新報社、東京（二〇〇八年）

（4）ジョハンソン・DC、ジョハンソン・LC、エドガー・B（著）、馬場悠男（訳）『人類の祖先を求めて』（別冊日経サイエンス117）、日経サイエンス社、東京（一九九六年）

（5）Mithen S. The Prehistory of the Mind: the Cognitive Origins of Art and Science. Thames & Hudson, London（1996）

（6）タッターソル・I（著）、高山博（訳）『最後のネアンデルタール』（別冊日経サイエンス127）、日経サイエンス社、東京（一九九九年）

（7）Goodall J. In the Shadow of Man. Mariner Books, Boston, New York（2010）

（8）ダイアン・フォッシー（著）、羽田節子、山下恵子（訳）『霧のなかのゴリラ―マウンテンゴリラとの13年』早川書房、東京（一九八六年）

（9）Leonard WR, Robedrtson ML. Evolutionary perspectives on human nutrition: The influence of brain and body size on diet and metabolism. Am J Hum Biol 6: 77–88（1994）

（10）Leonard WR, Robertson ML, Snodgrass JJ, Kuzawa CW. Metabolic correlates of hominid brain evolution. Comp Biochem Physiol Part A 136: 5–15（2003）

(11) 高田明和「畜産食品と脳」北畜会報、四八巻、五－一三頁（二〇〇六年）

(12) Skinner MM, Stephens NB, Tsegai ZJ, et al.Human-like hand use in Australopithecus africanus. Science 347: 395–399（2015）

(13) Harmand S, Lewis JE, Feibel CS, et al. 3.3-million-year-old stone tools from Lomekwi 3, West Turkanaa, Kenya. Nature 521: 310–315（2015）

(14) Organ C, Nunn CL, Wrangham RW. Phylogenetic rate shifts in feeding time during the evolution of Homo. Proc Natl Acad Sci U S A 108: 14555–14559（2011）

(15) Oppenheimer S. Out of Eden: the Peopling of the World. Constable & Robinson, London（2003）／仲村明子（訳）『人類の足跡10万年全史』草思社、東京（二〇〇七年）

(16) 岩田誠「序論―脳からみたヒトの発達」〈脳とソシアル〉『発達と脳―コミュニケーション・スキルの獲得過程』（岩田誠、河村満・編）、医学書院、東京、一一－一五頁（二〇一〇年）

(17) 豊倉康夫「バビンスキー反射」（豊倉康夫先生ご講演ＤＶＤ）、ノバルティスファーマ、東京（二〇〇六年）

(18) André-Thomas, St-Anne Dargassies YC. Examen Neurologique du Nourisson. Editions La Vie Médicale, Paris（1955）

(19) Babinski J. Sur le réflexe cutanée plantaire dans certaines affections organiques du système nerveux central. C R Soc Biol 48: 207–208（1896）／萬年甫（訳編）『〔増補〕神経学の源流Ｉ ババンスキー』東京大学出版会、東京、五六頁（一九九二年）

(20) Babinski J. Du phénomène des orteils et de sa valeur sémiologique. Semaine Méd 18: 321–322（1998）／萬年甫（訳編）『〔増補〕神経学の源流Ｉ ババンスキー』

東京大学出版会、東京、五七－六五頁（一九九二年）
（21）Nakanishi T, Shimada Y, Toyokura Y. An electromyographic study of the pathological plantar responses. J Neurol Sci 23: 71–79, 1974.
（22）Bathien N（岩田誠・訳）「バビンスキー徴候の生理学」Brain Medical 8: 387–394（1996）/ Bathien N, et al. [Electrophysiologic analysis of the cutaneous reflex of defense of the lower limb: approach to an interpretation of Babinski's sign]（Article in French）. Rev Neurol（Paris）123（6）: 418-423（1970）
（23）アドルフ・ポルトマン（著）・高木正孝（訳）『人間はどこまで動物か―新しい人間像のために』（岩波新書４３３）、岩波書店、東京、六〇－六六頁（一九六一年）
（24）Fulton JF, Keller AD. The Sign of Babinski: A Study of the Evolution of Cortical Dominance in Primates. C.C Thomas, Springfield, Illinois（1932）

第二章　ホモ ロクエンスの誕生

Homo loquens

ことばをしゃべるための必須条件

自然状態の現生動物の中で、話し言葉の能力を持っているのはヒトだけである。高等霊長類、特にチンパンジーにヒトの話し言葉を覚えさせようという試みは、様々なされてきたが、いずれも失敗した。その理由の一つは、ヒトとチンパンジーにおける声道の構造の違いがある。

ヒトの話し言葉のもとになっているのは、声、すなわち、呼気による声帯振動音である。これは喉頭原音と呼ばれ、特定の基調周波数成分と、その整数倍の周波数成分から成るスペクトル音であり、丁度ブザーのような音である。この喉頭原音が口腔内に誘導されると、口腔を含む声道の共鳴特性に従って、ある周波数成分は増強され、ある周波数成分は減弱されて、一定の周波数にエネルギーピークを有するようになる。

このような音響学的構造はフォルマント構造と呼ばれ、エネルギーピークの周波数の低い順に、第一、第二、第三フォルマント……と呼んでいる(1)（**図1**）。そして、それぞれのフォルマントの周波数を、それぞれ、第一、第二、第三フォルマント周波数と呼ぶ(2)。

ヒトは、口の開き方と舌の形を随意的に変化させることにより、異なったフォルマント構造を持つ音声を作ることができる。聴覚的には、このようなフォルマント構造の異なった音声を、ヒトは異な

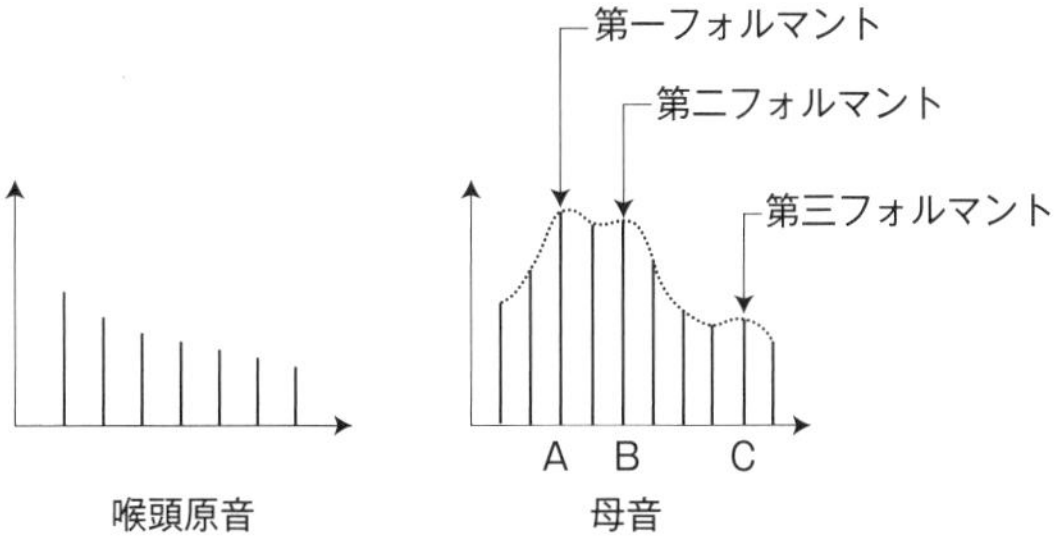

図1　母音の構造

声帯から出る音声（喉頭原音）は、特定の周波数の整数倍から成るスペクトル音であるが、口腔内の共鳴特性によってフォルマント構造に変換される。縦軸は音のエネルギーの強さ、横軸は周波数を表わす

A：第一フォルマント周波数，B：第二フォルマント周波数，C：第三フォルマント周波数.

（岩田誠「脳とコミュニケーション」朝倉書店，1987[1)]より一部改変）

った母音として聞き分けている。

日本語における母音のフォルマント構造を**表1**に示すが、実際の母音識別では第一から第三フォルマント、特に第一フォルマントと第二フォルマントの組み合わせが、最も重要であると言われている。

これに対し、子音のほうは、様々な方法で形成される。摩擦音である「ス」や「シュ」の子音部分は、呼気の通路を一時的に狭窄することによって作り出される。破裂音である「パ」「タ」「カ」の子音部分は、呼気を一時的に遮断して作り出され、後続母音の第二フォルマントの周波数が高くなったり、低くなったりする現象、すなわちフォルマント変遷の形態によって識別される。また、これらの破裂子音が発せられる時、声帯振動音が既に始まっていれば、聴覚的には濁音化が生じて「バ」「ダ」「ガ」に聞こえる。鼻子音「マ」「ナ」「ニャ」は破裂子音に似て口腔からの呼気は遮断

表1　日本語の母音のフォルマント周波数（Hz）

母音	第一フォルマント	第二フォルマント	第三フォルマント
ア	690	1170	2570
イ	310	2050	3040
ウ	360	1050	2280
エ	510	1820	2540
オ	490	870	2660

（藤崎博也「言語」東京大学出版会，1967[2] より）

されているが、声帯振動音を伴う呼気が鼻腔に抜けた時に形成され、第二フォルマント変遷部の形態によって識別される（**図2**）[1]。

ヒトの話し言葉に用いられる語音は、このようにして作られた子音と母音の組み合わせからなっており、中でも重要なのは、識別可能な母音を作り出すことである。このためには、声帯音が口腔内に誘導されなければならない。

ヒトの声道をみると、鼻腔から喉頭に至る気道と、口腔から食道に至る食物道は、咽頭という腔所で交叉しており、肺から出される呼気は、鼻腔内だけでなく口腔内にも誘導することができるため、声帯振動音が口腔内に誘導され、母音を形成することができるのである（**図3左**）[3]。しかし、語音形成には便利なこの構造をもつということは、誤嚥や窒息といった生命的なリスクを背負うことでもある。

これに対し、チンパンジーの声道をみると、喉頭の位置が高く、咽頭腔はほとんど形成されていない（**図3右**）[3]。嚥下時に喉頭に蓋をする喉頭蓋が口腔の後壁をなすかのようにそびえているため、

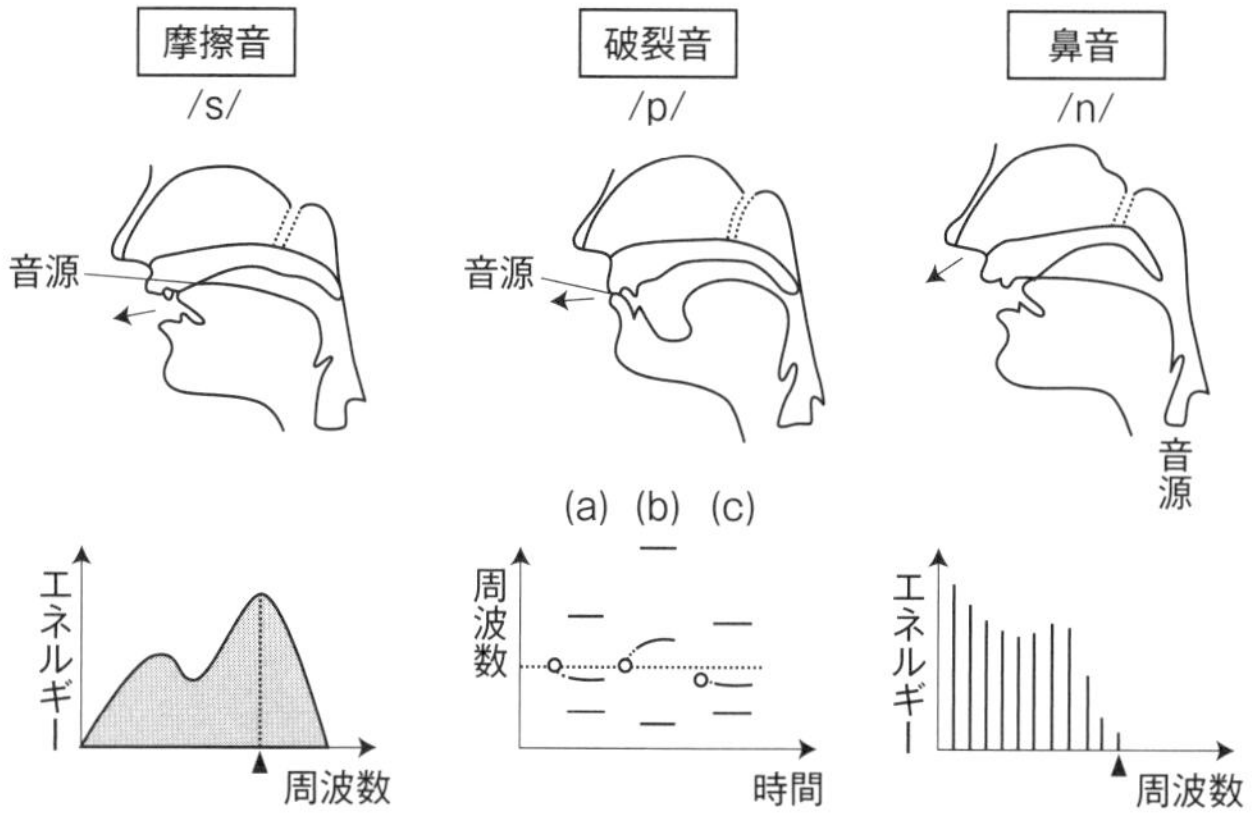

図2　子音の形成

摩擦音は帯域雑音であり、エネルギーピークの周波数（▲）が識別特徴である。破裂音は、第二フォルマント変遷部の向かう外挿点の周波数によって識別されるので、（a）と（b）は後続母音の異なる同じ子音に、（a）と（c）は後続母音が同じ異なった子音に聞こえる。鼻音は、スペクトル音のエネルギー減衰点の周波数（▲）が識別点となる

（岩田誠「脳とコミュニケーション」朝倉書店，1987[1] より一部改変）

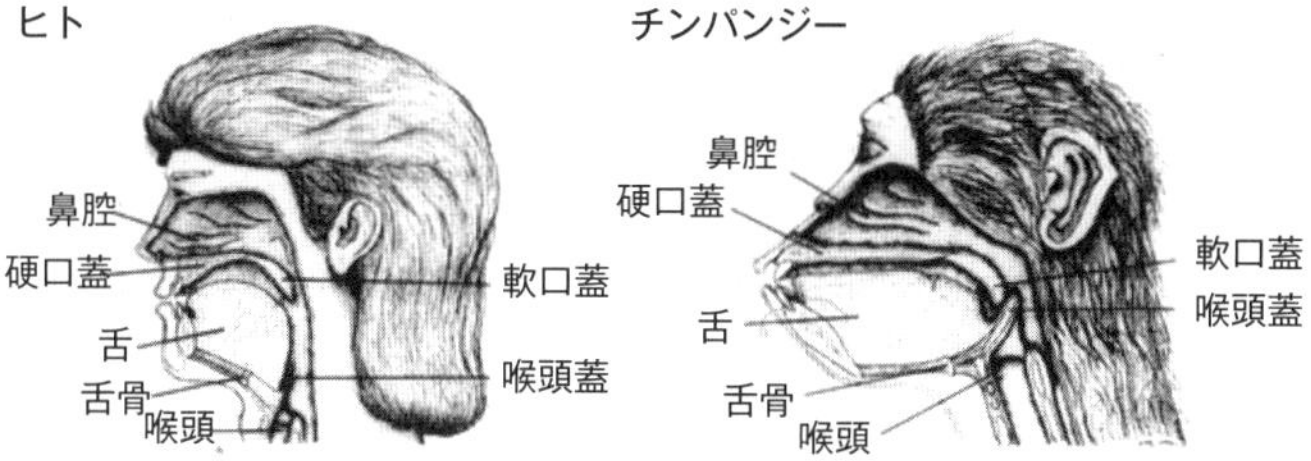

図3　ヒトとチンパンジーの声道

（Lieberman P. Uniquely Human: The Evolution of Speech, Thought, and Selfless Behavior. Harvard University Press,1991[3] より）

呼気はそのほとんどが鼻腔に抜けてしまい、口腔内には誘導されない。しかも、口腔の大きさが小さく、扁平であるため、チンパンジーは舌をいかに動かしても、識別可能な複数の母音を作り出すことができない。すなわち、このような構造的特徴により、チンパンジーには、話し言葉をしゃべることはできないのである。しかし、このことは、誤嚥や窒息のリスクが極めて少ないことをも意味している。彼らは、ものを食べながらも自由に声を出すことさえできる。

言い換えるなら、チンパンジーは言葉をしゃべることによって得られる豊かな生活を得ることはできなかったが、生命の安全性を保存することができたのに対し、ヒトは、話し言葉で得られる豊かな生活と引き換えに、誤嚥・窒息という生命的リスクを負うことになったと言える。このことを考えるなら、ヒトは、まさに命懸けでしゃべっている、と言ってもよいであろう。

このような理由から、現生類人猿では話し言葉をしゃべるものは存在しないが、それでは、化石人類ではどうだったであろうか。

リーバーマン（Lieberman P）[3、4]は、ネアンデルタール人の骨格から、喉頭の高さを推定し、気道の形態の復元を試みた。それによると、ネアンデルタール人の喉頭は、ヒトほど低い位置ではないが、チンパンジーよりはずっと低い位置にあるため、声帯振動音を伴った呼気は、口腔内に誘導され得たと考えられた[5]（**図4**）。彼らは更にネアンデルタール人の口腔の形態も復元し、これらのデータから、ネアンデルタール人は、識別可能な数種類の母音を発することができたのではないかと述べ

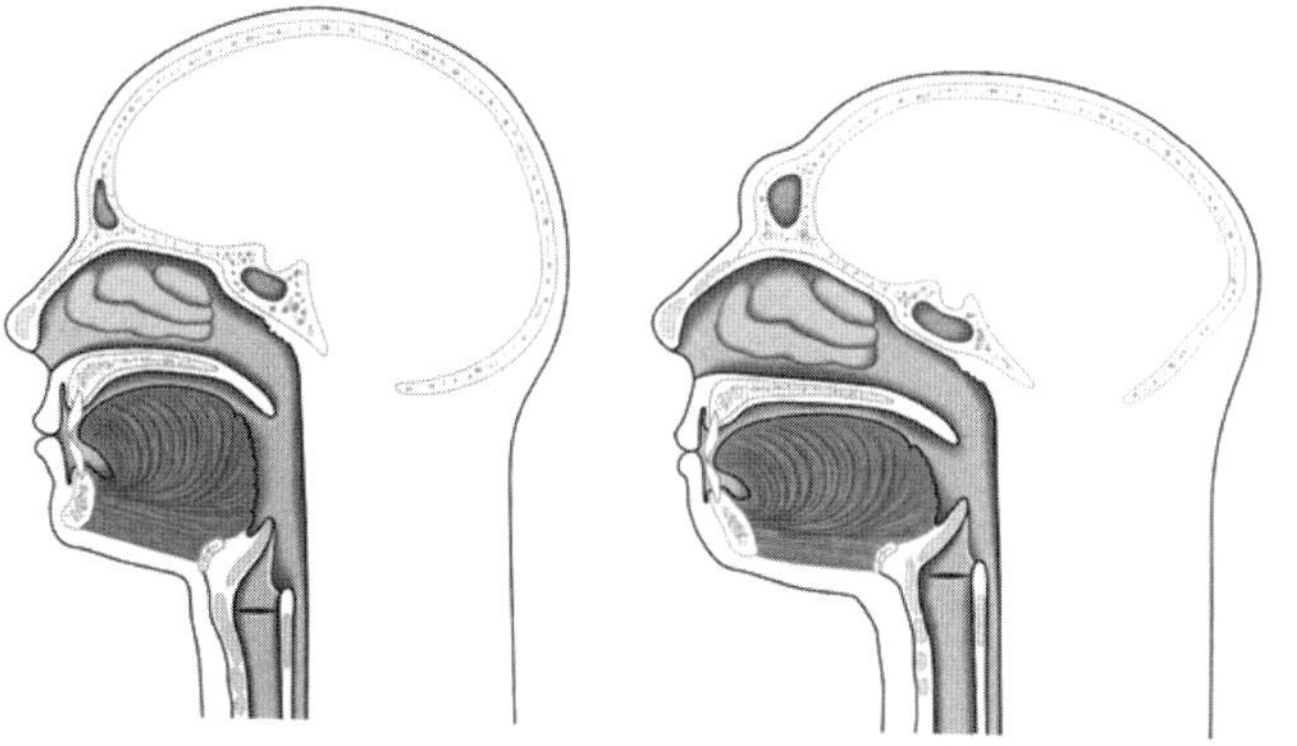

図4　現存のヒト（左）とネアンデルタール人（右）の声道の比較

（タッターソル I・著，高山博・訳「最後のネアンデルタール」別冊日経サイエンス127，日経サイエンス社，1999[6] より）

ている(3、4)。これと、子音を組み合わせれば、話し言葉様の音声信号を使ってコミュニケーションしていた可能性が高いとされている。

その後、一九八〇年代になって、イスラエルのケバラ洞窟で見出された、「モシェ」と名付けられたネアンデルタール人のほぼ完全な骨格中から、舌骨が見出された(6)。舌骨は、二つの小さな筋肉によって、頭蓋底の耳の下にある茎状突起と、下顎骨の内面との間に吊り下げられている骨であり、喉頭の位置を決定するには極めて重要な意義を有する。モシェの舌骨の形態は、ヒトの舌骨に極めてよく似ており、ネアンデルタール人の気道が、現存のヒトとよく似た形態をとっていた可能性が高まっている。

更にそれ以前の化石人類について、リーバーマン(3)は、アウストラロピテクスの声道は、現生類人猿とほぼ同じであり、話し言葉をしゃべることはできなかったであろうとしている。一方、ホモ エレクトゥスの喉頭は、現生類人猿よりは低い位置にあり、呼気を口腔内に誘導することが可能ではなかったかとしているが、それでも、ネアンデルタール人のような語音を作り出すことはできず、話し言葉は持っていなかったであろうと考えられている。

これらのことを総合すると、話し言葉をしゃべるための必須条件が揃ったのは、ネアンデルタール人からであろう、ということになる。

しゃべるための呼吸

喉頭の下降と咽頭の形成は、言葉をしゃべるための必要条件であるが、これが実現されれば、すぐにしゃべれるようになるというわけではない。

話し言葉を自由にしゃべるためには、呼吸機能もそれに適応した性能を持っていなければならない。話し言葉を実現するための呼吸機能の獲得には、直立二足歩行の果たした役割が大きい。ヒト属はその最初の段階から直立二足歩行をしてきたと考えられるが、そのことは、胸腹部内臓が常に下方に落下する傾向を持つことを意味している。中でも特に、心臓や肝臓といった重量のある臓器が、常に下方への牽引力を発揮してきたことは、ヒトの進化史上において喉頭の位置が段々下方に引き下げられ、語音生成に必要な咽頭の形成を生じると共に、誤嚥・窒息の生命リスクを高めた可能性がある。しかし、直立二足歩行を始めたヒト属は、このリスクと引き換えに、しゃべるために必要な呼吸機能を得た。

横隔膜は、胸部内臓と腹部内臓を、文字通り水平に隔てている筋肉のシートであり、これが収縮すると横隔膜が下方に引かれるために胸腔内が陰圧になり、肺の中に空気が流れ込む。次いで、横隔膜が弛緩すると、陰圧がなくなり、肺は自らの弾力性によって縮み、肺内の空気は呼気として排出される。このようにして、横隔膜によって営まれる呼吸運動は、一般には腹式呼吸と呼ばれるが、これは、横隔膜が収縮する吸気時には、横隔膜が下方に動いて腹圧が上がるため、腹部が膨らむからである。哺乳類の呼吸運動としては、これ以外に内外肋間筋の交互収縮によって生じる胸郭の動きに伴う胸式呼吸もあるが、ヒトにおいて同じだけの量のガス交換に要する消費エネルギー量は、腹式呼吸のほうが少ない。すなわち横隔膜を使った呼吸のほうが、呼吸効率がよい。

話し言葉に必要な語音は、主として呼気によって発せられるが、まれに吸気によって発せられる語音もないわけではない。筆者自身の経験では、フランス人は、「はい」にあたる「Oui」を発音するとき、しばしば吸気を使うことがある。こういった例外を除けば、発話時には呼気を使うのが普通である。したがって、話し言葉をしゃべるためには、呼気相を長く保つことができなくてはならない。言い換えるなら、話し続けようとするなら、極めて短い時間内に十分な量の吸気を吸い、これを少しずつ呼気として出し続けるということができなければならない。呼吸筋の障害により換気能力が低下した患者では、短時間で十分な吸気を得ることができないため、スムーズな発話ができなくなり、一語一語切れ切れにしゃべらざるを得なくなる。ヒトにおいて、スムーズな発話を実現するのに大いに役立っているのが、実は直立二足歩行なのである(7)。

直立位をとれば、心臓や肝臓が下方に引かれるため、それらの臓器が付着している横隔膜も下方に引かれ、胸郭内圧は低下する。ここで横隔膜が収縮すれば、胸腔内圧は更に低下し、十分量の吸気を一気に肺内に吸い込むことができる。四足歩行の状態では、横隔膜が収縮しても、それほど大量の吸気を短時間に得ることは困難であり、直立位は短時間での大量の吸気量を保証してくれることになった。十分な吸気を得たあとは、横隔膜を弛緩させるだけで、自動的に呼気相を生じることができるわけだが、ヒトの発声時には、吸息筋である外肋間筋が、呼気相に入ってもすぐには活動を停止せず、しばらくは活動し続ける(8)。肺の弾力性で肺が縮むままにすると、呼気速度が早くなって呼気相が短くなり、発声できる時間が短縮してしまうが、このように吸息筋の収縮を続けることによって、肺の収縮を遅らせると、呼気相が長く引き伸ばされ、発声時間を長くすることができるわけである。

したがって、非発声時の呼吸運動に要するエネルギー消費は吸気相のみであり、肺の弾力だけで自動的に実現される呼気相では、なんらのエネルギー消費もないのに対し、発声時には、呼気相においても呼吸筋のエネルギー消費がゼロではない。これを反映して、非発声時の一回換気量と発声時の一回換気量を比べると、発声時のほうが前者の数倍多いことが知られている。

ヒトの発話は、他の動物の鳴き声、叫び声に比べると極めて長時間継続する。古今東西の政治家には、しばしば何時間にも及ぶ演説を行って話し続ける人々が少なくないが、ヒト以外の動物が、何時間にもわたって発声を続けることはできない。何時間もの間しゃべり続けることができるということは、ヒトの呼吸機能が、単に生命を保つためだけでなく、話し言葉の能力を発揮するために十分なだけの余力を備えていることを意味している。このような呼吸能力は、日常的に直立位をとり、横隔膜による腹式呼吸ができることによって獲得されたものであり、そのような能力の獲得は、直立二足歩行を行いながらも、未だ話し言葉を持っていなかった、ヒト属の旧い祖先にまで遡ることができるのである。ネアンデルタール人がしゃべりだす前から、しゃべるために必要な呼吸能力を保証する高性能の吹子は、既に用意されていたと言えよう。

しゃべるための神経回路

話し言葉をしゃべるために必要なもう一つの極めて重要な条件は、発声し、語音を生み出すハードウェアのみでなく、これらのハードウェアを作動させるのに必要な神経機構、すなわち言語機能を実現する神経回路の存在である。これには、言語機能の基盤となる認知能力と、話し言葉を実現するための運動プログラミングの能力、これらの二つの能力が揃っていなくてはならない。

言語機能の基盤となる認知能力の研究は、チンパンジーやボノボ、ゴリラなどで行われ、大きな成果をあげてきている。

チンパンジーにヒトの話し言葉を教える試みは失敗に終わったが(9)、ガードナー（Gardner）夫妻(10)による、「ワシュー」と名付けられたチンパンジーに手話を教えた研究は、大きな成果をあげた。彼らは、チンパンジーとヒトの間での相互的手話コミュニケーションを行った。その後、パターソン（Patterson F）(11)は、「ココ」と名付けられたゴリラとの手話コミュニケーションを行ったが、これは、パターソン自身が話し言葉で話しかけたことに対して、ココが手話で答えるという形での相互コミュニケーションであった。

これに対し、米国のヤーキース研究所や、わが国の京都大学霊長類研究所では、図形を用いたコミュニケーションを行っている(12)。

これらの研究から浮かび出てくることは、チンパンジー、ボノボ、ゴリラなどの高等霊長類は、恣意的な記号を能記（signifiant）とし、ヒトの言語における語の意味を所記（signifié）とする記号作用を営む能力があるということである。ヒトの言語能力の基本をなすものの一つは、このような記号作用であり、その能力は、ヒト以外の高等霊長類も持っていることは、これにより明らかである。

例えば、「イヌ」という二つの語音が、時間的にこの順番で発せられたのを聞くと、われわれは、その語音列が、犬という動物の概念を意味する記号だということを理解することができるが、「イ」

とか［ヌ］といった語音の並びと、犬という動物の概念の間には、何ら必然的な結びつきはない。所記としての［イヌ］という語音列は、日本語という文化的な制約の中で、能記である犬という概念に、極めて恣意的に結び付けられている[13]。能記と所記の間のこのような恣意的な結びつきを、ソシュール（Saussure F）は記号作用と呼び、ヒトの言語能力の基本と考えたが[1]、その能力は、何もヒトだけでなく、チンパンジー、ボノボ、ゴリラといった、他の高等霊長類にもみられるということが、先にあげたような研究から明らかになってきた。記号作用を実現するための神経回路は、高等霊長類に共通のものであって、ヒトのみに備わったものではないのである。

これに対し、話し言葉を実現するための神経回路はどうであろうか。まず問題になるのは、語音の聴覚的認知能力の問題である。

パターソンがココというゴリラで行った研究では[11]、ココは、パターソンのしゃべる話し言葉に対し、手話で答えるという形態のコミュニケーションを行っている。このことは、ココがヒトの話し言葉を、聴覚的に理解する能力を持っていることを意味しているように見える。ココは、パターソンだけでなく、ココに話しかけてくる他の人々の話し言葉に対しても手話で答えており、しかも、その答え方はパターソンに対する答え方と大きな差はない。このことは、ヒトの語音をかなり正確に認知している可能性を示している。

イヌやウマのような動物でさえも、ヒトの話し言葉による指示に期待通りの反応を示すことはよく知られているが、通常は、常に指示を出すヒトの話し言葉にしか反応せず、他のヒトがしゃべった言語指示には正しく反応しない。このことは、これらの動物では、聞き取ったヒトの指示の聴覚信号を、語音列として認知しているのではなく、特定の周波数特性を持った聴覚信号の時間系列として認知しているためだと考えられる。言い換えるなら、イヌやウマは、特定のピッチ、リズム、メロディを持つ、いわば歌のフレーズのような聴覚信号と、それの持つ意味との連合学習で、飼い主の発する聴覚信号と、自らがとらねばならない行動パターンとを学習するのであり、必ずしも語音列から成る言語を理解しているというわけではないのである。

このことから考えると、複数のヒトの発話に対して同じように手話で応答できるということは、コにおいては、ヒトの話し言葉における語音の認知能力が既に獲得されていたと考えてもよいように思われる。

次に問題になるのは、語音の発生に必要な運動を生み出す神経機構が、ヒト属の進化史上、いつごろから発現してきたかということである。

ヒトの語音を作り出す筋活動は、極めて多数の筋肉の協調的な収縮と弛緩から成っており、作動する多くの筋肉の収縮・弛緩のタイミングが少しでもずれると、正しい語音は形成されない。例えば、同じように口唇を閉鎖して作り出す有声子音の［b］と、無声子音の［p］のどちらが発せられるかは、口唇の閉鎖を解除して呼気を解放する時、極めて短時間ではあるが、声門を開大する後輪状披裂筋（外転筋ともいう）が収縮して、声帯振動を停止させるかどうかによって定まる。声帯振動が止まっていれば無声子音になるが、声門の開大が遅れれば、有声子音になってしまう。この時の声門開大のタイミングの差は、わずか数十ミリ秒以内である。すなわち、後輪状披裂筋の収縮開始が数十ミリ秒遅れれば、無声子音の有声化が起こってしまう(14)。これほどの短い時間差による筋活動のずれは、自分の発した音声を自分の耳で聴いてフィードバック調節することは不可能であり、予め作られた精緻な運動プログラムによって実現しなくてはならない。

ヒトにおける発話に必要な筋活動の運動プログラムを実現するための神経機構としては、左大脳半球中心前回の下端にある運動前野（6野）の顔面・口領域が重要であると考えられている。中心前回の下端では、運動野（4野）はほとんど中心溝内に埋もれており、脳回表面のほとんどは運動前野（6野）である。このうち、4野は、個々の筋活動、ないしは個々の単純な運動を営むための、大脳からの最終的な出力領域であると考えられている。言い換えるなら、多数の筋肉の活動を一定の時間系列に従って動員しながら営まれる運動のためには、この最終出力領域に、その運動を営むために必要な筋活動の運動プログラムを送り込むための、もう一段高位の統合領域が必要である。

筆者は、高度の構音障害（話し言葉における運動プログラムの障害）を呈した進行性失語症の患者の剖検において、左大脳半球中心前回の4野は正常に保たれていたが、6野は高度に変性し、ほとんど神経細胞が残存していないことを確認し、このことから、話し言葉に必要な筋活動の運動プログラムを実現するための神経機構を担っているのは、左大脳半球中心前回下端の運動前野（6野）であろうと考えた(15,16)。

ヒトの成人に局所的な脳病変が生じた場合に起こる言語能力の障害は「失語症」と呼ばれるが、これには、大きく分けて二つのタイプのものがある。その第一は、発話が流暢にできなくなり、わずかにできるぎこちない発話にも、構音障害があり、しかも文字を書くことも障害される、という言語表出能力がおかされるタイプの失語症、すなわちブローカ失語症（Broca aphasia）である(15)。もう一つのタイプは、ウェルニケ失語症（Wernicke aphasia）と呼ばれ、聴きとった話し言葉の意味が理解できず、また文字で書かれたものを読んでも理解できないという、言語理解能力がおかされるタイプの失語症である(15)。

ブローカ失語症の病変の中心は、左大脳半球の下前頭回後端にある44野と45野であるとされており、これらの二領野は、まとめてブローカ領域（Broca area）と呼ばれ、ヒトの言語領域として重要な大脳皮質領域であるとされている。確かにこの二つの領野は、脳表から見ると隣接しているが、その間はシルヴィウス裂の上行枝という深い溝ではっきりと隔てられているのに対し、44野と、その後ろに位置する6野の間は、ほとんど連続的である。解剖学的にみれば、運動野の顔面領域にあたる中心溝内に埋もれた4野から、6野、そして44野までは、前後に連なる一連の連続した皮質領域なのである。これらのうち、4野と6野との関係については先述の通りであるが、44野の機能は何なのであろうか。

ヒトの44野の機能を明確に示したのは、西谷ら(17)による脳磁図を用いた研究である。これより先、イタリアの脳科学者リゾラッティ（Rizzolatti G）ら(18)は、マカクサルにおいて、サル自身が一定の運動を実行するときだけでなく、同じ運動を行うヒトの動作を見ている時にも活動する神経細胞が存在することを見出し、この神経細胞を「鏡ニューロン（mirror neuron）」と名付けた。その後、このような「鏡ニューロン」は、様々な大脳皮質領域で見出されることが明らかになってきたが、彼らが見出した「鏡ニューロン」の存在部位は、ヒトの44野と相同の皮質領域である。西谷は、ヒトにおける「鏡ニューロン」の座を同定すべく、他人の動作を観察してそれを模倣した動作を行うときの脳活動の場を調べたところ、模倣動作で左44野が活動することが判明した(17, 19)。すなわち、検者が行う動作を見て、その動作を右手で模倣する時の被検者の脳活動の時間系列を脳磁図で見てみると、視覚領域→44野→左運動野の手の領域の順になることが明らかにされた。このことから、左44野は動作の模倣を営む領域であり、この領域で発見された「鏡ニューロン」は、動作の模倣を営む神経細胞なのではないかと考えられるに至った。

言語活動の発達、特に話し言葉の習得は、母親の話し言葉の語音を聴きながら、発話時の口部の運動を観察し、自分も同じような運動をして発声を試みるという、模倣動作から始まるという考えは、古くから提唱されてきた。このことから考えると、左44野が模倣動作を営む皮質領域であるということは、納得のいく知見であると言えよう。マカクサルにおいて、既に動作の模倣機能を担っていた44

野は、ヒトにおいては、自分に話しかけてくる母親の口部の運動を模倣して、母親の発する語音に似せた音を発することを試みる際に、重要な役割を果たすのであろうと考えられる(19)。そのような働きから、44野は、話し言葉の表出、すなわち発話における中心的な役割を果たすようになったと考えられるのである。

先述の如く、ブローカ領域の前方部分である45野は、シルヴィウス裂の上行枝によって44野、6野、4野とははっきりと隔てられているが、その上前方に位置する9野、46野、10野とは連続した皮質領域を形成している。健常人における機能的MRIを用いた酒井ら(20)の研究によれば、45野に隣接する46野、10野は、統語、すなわち文法機能に関係する皮質領域であることが明らかにされた。永井ら(21)も、局所脳損傷患者において統語能力の検査を行い、これらの領域に生じた局所脳病変は、統語機能を障害することを確認している。

以上に述べたことをまとめると、ヒトの左前頭葉には、45野を前上方から囲む統語機能を営む皮質領域があり、その後方には、44野、6野、4野という言語表出に関わる皮質領域が並んでいるということがわかる。これらの皮質領域と相同の皮質領域は、既にマカクサルの段階から存在するものであることがわかっているので、ヒトの言語領域というものは、ヒトにおいて突然出現した新奇な皮質領域なのではなく、進化史上古くから既に存在し、機能していた神経回路を持つ領域であり、ヒトの話し言葉の能力というものは、この既存の皮質に存在していた神経回路に、新しい役割を加えたに過ぎないものと解することができる。

言語領域

話し言葉の意味理解が障害されるウェルニケ失語症の研究から、左半球の上側頭回にある22野の後半部が話し言葉の意味理解に関わっている脳領域であると考えられ、この領域はウェルニケ領域と呼ばれるようになった。この領域に隣接し、側頭葉の上端としてシルヴィウス裂内に埋没している横回（ヘシュル回とも呼ばれる）は、一次聴覚野と呼ばれ、聴覚情報の最終的な受容領域となっている。ここからウェルニケ野に送られてくる聴覚情報が、どのような処理過程を経て言語理解という機能を実現しているのかは、未だ全貌が明らかにされているわけではないが、ウェルニケ領域の役割は、聴覚信号として聞き取った語音の時間系列（語音列）の分析を行うことであり、語音列が示す語の意味を認識するには、語音列情報が左側頭葉下部にある語彙領域に送られる必要がある。

語彙領域としては、左側頭葉の前端部（側頭極）の20野、中側頭回21野の前方、下側頭回から紡錘状回にかけての38野の前方があると考えられている。ダマシオ（Damasio H）ら[22]は、この領域の局所脳損傷例における語彙検索と、健常者における呼称時の賦活試験の結果から、語彙はカテゴリー別に異なった領域に蓄えられていることを見出し、左側頭葉下部の前方から後方にかけ、人名、動物名、道具名が別々に蓄えられているとした。

元々は話し言葉だけであったヒトの言語活動は、いまから約五千年ほど前に実現された文字の発明によって、極めて大きな発展を遂げた。話し言葉によるコミュニケーションの最大特徴は、話し手と聞き手の同時的存在が要求されていることである。話者と直接対峙していなかった者には、話者のメッセージは聞き伝えの形でしか伝わらないため、しばしば不正確な内容が伝えられることがある。今日、伝説や民話の形で伝承されてきた多くのものは、このような聞き伝えで残されてきたものが多く、原典が大きくゆがめられてしまっているものも多いと考えられる。文字が発明されたことにより、話し言葉として生み出されたメッセージは、声の届かないほど遠く隔たった場所にいる者や、話者とは生きた時代を異にする者にも、正確な形で届けられるようになった。これまで地球上に生きてきたあらゆる生物の中で、ヒトのみが、文字を使用することにより、時間と空間を超えたコミュニケーションを実現したのである。

文字の発明により、ヒトは世代を超えて知識を伝播することができるようになり、このことが科学という知識体系を作り上げ、様々な領域での技術の進歩を実現させたのである。

文字の操作、すなわち脳における読み書きの神経機構の研究は、十九世紀末からなされてきた。失語症を伴わない読み書き障害、すなわち失読と失書を呈する症例の研究を行ったデジュリヌ（Dejerine J）(23、24)は、左角回が読み書きの中枢であると述べたが、その後この説を継承したゲシュウインド（Geschwind N）(25)は、左角回が読み書きの中枢としての役割を果たしているのは、その場所が異種感覚記憶心像の連合を営む領域であるためであるとした。すなわち、「読み」においては、文字の視覚記憶心像と、その文字が表わす語音の聴覚記憶心像の連合が必要であり、「書き」においては、書くべき文字の聴覚記憶心像を、その文字を実際に書くときの運動覚心像に変換する。これらの異種感覚記憶連合の座が左角回であるが故に、左角回が「読み書き」における主導的な役割を果たすのであるというのが、ゲシュウィンド(25)の考えであった。

しかし、局所脳病変によって生じた読み書きの障害を観察してきたわが国の研究者たちは、古くから、漢字の読み書きと、かなの読み書きでは、おかされ方が異なっていることに気付いていた(26)。左角回病変によるかなの読み書き障害は、アルファベットの読み書き障害とほぼ同様であるが、左角回がおかされても漢字語の失読は起こらず、漢字では失書のみが生じる。他方、左後頭葉内側部の病変では、アルファベットでは、失書を伴わずに失読のみを生じるため、純粋失読と呼ばれているが、かなでも同様のことが生じる。しかし、漢字の場合には、失読のみならず失書も生じる。このことから、かなの読み書きと漢字の読み書きは、異なった脳領域によって営まれていると考えられたため、筆者は、日本語における読み書き障害の二重回路仮説を提唱した(26, 27)。その後、櫻井ら(28)は、PETスキャンを用いた健常人の脳賦活実験を行い、漢字語の読みには左側頭葉後下部の37野が、かな語の読みには左角回の更に後ろの後頭葉外側部19野が関わっていることを証明した(29, 30)。

これらの結果から、筆者は、ヒトの言語機能に直接関わっている左大脳皮質領域には、大別して三つの領域があると考えるのがよいと思っている(30)。すなわち、中心言語領域であるブローカ領域とウェルニケ領域に加え、この中心言語領域を挟むようにして存在する、統語機能を司る46野、10野と、語彙領域である20野、21野、38野、という周辺言語領域、そして19野と37野という文字解読領域の三つである。筆者はこれらの皮質領域を、言語関連皮質領域と呼んでいる(31)。これらの言語関連皮質領域が十分に形成されていなければ、現存のヒトが営むような言語活動は実現され得ない。

ネアンデルタール人の言語

現存のホモ サピエンスを凌ぐほどの大きな脳を持っていたと考えられるネアンデルタール人は、十分に発達した大脳を有し、その外形も、ヒトとほとんど変わらなかったことが知られている(6、32)。しかも、その頭蓋内腔の凹凸からその大脳皮質の形態を検討すると、おそらく言語関連皮質領域も、ある程度は形成されていてもおかしくないと考えられている(32)。更に、彼らが主として右手利きであったらしいことも判明している。一方、彼らにおいては、ヒトよりも小さいとはいえ、明らかな咽頭が形成されており、しかもほとんど常に直立二足歩行をし、ヒトと同じような呼吸能力も有していたと考えられるため、話し言葉の能力を発揮するに足る発声能力をも有していたと考えられる(4)。

しかし、先述のように、ネアンデルタール人が発することのできた識別可能な母音は、たかだか数個であると考えられており(3)、現存のヒトと比べると、その語音体系はかなり貧弱なものであったと思われる。

現存のヒトの言語活動には、その特徴として、①ヒトの発話は、原則として語（word）という分節の組み合わせから成り、②個々の語は、統語（syntax）と呼ばれる一定の規則に従って時間的に並べられている、という二つの構造的原理が存在するが、ネアンデルタール人の「言語」には、これらの構造的原理がなかったのではないかと考えられている(33)。

ヒトの言語の特徴である「語」という分節単位は、語彙という形で脳内に蓄えられていく。語彙は、ヒトを取り巻く世界に存在するあらゆるモノを客観的に記述し、そのモノが目の前に存在していなくても、そのモノについて他者に伝えることができる手段となる。例えば、目の前にある二つのリンゴを二人で分けて、一つずつ食べようではないかということを他者に伝えるには、一つのリンゴを自分で取り、もう一つを他者に差し出すだけで足り、「リンゴ」という語がなくても意思伝達は可能である。「これらを二分しよう」という意味を伝える手段がありさえすれば、それで足りる。しかし、「今度、誰かが私たちに桃をくれた時にも、半分ずつ分けよう」、という提案を、未だ何ももらっていない時点で他者に伝えようとする時には、「モモ」という語が存在しなければ、意志を通じさせることは極めて困難であろう。目の前に存在していない桃というモノについて語ろうとする時には、どうしても「モモ」という名詞が存在しなければ、しゃべる能力はあったとしても、それを言葉で指示することはできない。「リンゴ」、「モモ」、という語は、目の前にリンゴや桃が存在しない場においても、これらのモノについての情報を、発信者と受信者が共有できるようにしてくれる。

ヒトの言語は、統語と呼ばれる一定の規則に従って語が並べられた、文という形で発信される。文というものは、出来事、あるいは状態を記述するものであり、出来事の主体が主語で表わされ、出来事や状態の内容が述部として示される。すなわち、モノを表わす形式が語彙であるのに対し、文はモノとモノとの関係、すなわちコトを表わすことのできる形式であると言えるだろう。

コトの記憶はエピソード記憶と呼ばれているが、ヒトにおいてエピソード記憶が明確に形成されるようになるのは、文を作ることができるようになってから、すなわち三歳から三歳半のことであり、それ以前の出来事に関するエピソード記憶は、明確に形成されておらず、思い出すことができない。乳幼児期において、このようにエピソード記憶が形成されていないことは、幼児期健忘症（Infantile amnesia）と呼ばれ、生理的現象と考えられているが(34)、これは、エピソード記憶の形成には、文を産生する能力が必須であるということを示すものではないだろうか。ある出来事を、「何が」「どうした」という文の形式から成る認識のフレームに当てはめて脳内に取り込むことが、エピソード記憶の形成には必要なのであろう。

エピソード記憶の認識フレームが確立されるためには、もう一つの重要な条件が必要となる。それは、過去・現在・未来の出来事を区別して表現するための「時制」の存在である。ヒトの話し言葉には、時制を表わす構造があり、表現されたコトが現在のコトなのか、過去、あるいは未来のコトなのかをはっきりと識別することができるようになっている。現存のヒトの言語活動の中心をなす文という発話に存在する統語と時制という二つの要素は、かくして、エピソード記憶の形成という極めて重要な機能を、ヒトの脳に与えたのである。

ある程度の話し言葉の能力を有していた可能性があるネアンデルタール人の「言語」には、語という分節や、時制を区別する文の構造がなかったのではないかと考えられている(33)。ネアンデルタール人たちの話し言葉には分節構造はなく、しゃべった内容は、他者の行動を直接誘導するような操作的コミュニケーション（manipulative communication）であっただろうという(33)。

ベルベット・モンキーは、空から襲ってくる猛禽類、地表から近づく肉食獣、そして木の枝を這って近づくヘビ類に対しての警戒を、異なった音声信号によって仲間に知らせる(35)。この音声による警戒信号を聞いた群れのサルたちは、近づく敵の移動方法に従い、それに対応した避難行動をとる。彼らの音声信号は、高度な操作的コミュニケーションを可能にしているのである。

現存のヒトにおいても、危機が迫った時、そのコトに最初に気付いた者は、他者に対し「逃げろ！」「伏せ！」などの操作的コミュニケーションの信号を与え、その信号を聞いた者は、発信者をも含めて、全員がそれに従った行動をとる。しかし、ヒトの場合には、これに加えて指示的コミュニケーション（referential communication）、すなわち受信者に対して、何かを考えさせたり、感じさせたりするようなコミュニケーションも可能である(36)。例えば、ある群れが豹に襲われた時、走って逃げた者は助かったが、木に登って豹にとらえられた仲間がいたとしよう。操作的コミュニケーションしかできなければ、豹から逃げるには木に登ってはいけないということは、その場に居合わせて逃げおおせた者の経験知としてしか存在しないが、「豹が襲ってきたら、木に登って逃げようとしてはいけない」という内容を伝えることができれば、その経験知は、まだ豹に襲われたことのない群れ、あるいは、未だ豹に出会ったことのない若年者にも、正確に伝えることができる。すなわち、眼の前で起こった出来事に対しての行動を惹起することしかできない操作的コミュニケーションに対して、指示的コミュニケーションは、過去の出来事を記憶に留め、将来の行動のリスク軽減を図ることができるという点において、そのようなコミュニケーションが可能な群れの生存の確率を高め、生物進化の上でより有利な地位を得ることができる。

このような指示的コミュニケーションの基本的な要素が、語という単位の分節構造と、統語、そして時制であることは既に述べたが、指示的コミュニケーションを実現した社会のみが獲得し得る社会活動を考えてみると、三つの重要な活動が見えてくる。それは、学習の方法としての教育、自己存在を客観的に示すための装身具の作成、そして死後の世界に対する意識である(33、36)。

ヒトを含めた高等霊長類においては、様々な形での道具の使用が一般的である。チンパンジーでは、木の枝を使ってアリを釣り上げてこれを食べたり、もみほぐした木の葉をスポンジ代わりにして木の洞にたまった水を飲んだり、石を使って木の実を割ってこれを食べたり、というような道具の使用が観察されており[12,37]、このような技術が世代を超えて伝えられていくことも観察されている。その技術伝播は、基本的には「見よう見まね」であり、既に技術を獲得した個体から、未だそのような技術を持たない若年の個体への技術の継承は、ほとんどの場合、技術を獲得した個体の行動を観察することによってなされている。すなわち、ヒトで見られるような、技術を獲得した個体による未経験者への直接の技術教育という形での技術の伝承は見られない。

　このことは、個々の動物においてその技術が獲得され、その技術を用いて目的が遂行できるようになれば、それ以上の技術の発展は生じないことを意味している。これに対して、ヒトにおいては技術教育という形での、技術の直接的伝播がなされるが、このためには指示的コミュニケーションの能力が必要である。このような時、語という単位の分節構造と、統語、そして時制という要素を持つヒトの話し言葉が、極めて有用である。例えば、石を用いて胡桃を割るという技術を教えるにあたって、ただその動作をやって見せるだけよりは、どのような形の、どの程度の大きさの石を用いて、どのような台に、どのような向きに胡桃を載せて、胡桃のどの部分に、どの方向から打撃を加えるか、といったことを具体的に言葉で示して教えることができれば、より効率よく技術を習得させることができるのである。また、このように、話し言葉を用いた教育がなされるなら、技術の改良ということも容易に生じるようになる。道具の大きさや形、胡桃を載せる台や載せ方、打擊の与え方などが話し言葉によって明確に規定されていると、その条件を変化させて、より有効な技術を発見しやすくなり、しかもその発見した新しい技術を、他の個体にも明示的に示すことができる。したがって、語という単位の分節構造と、統語、そして時制という要素を持つ指示的コミュニケーションは、新しい技術の発見を促し、そのようにして見出された新しい技術を社会的な規模へと拡大させていくための推進力となるのである。

指示的コミュニケーションが可能にした第二の活動というのは、装身具の作成という活動である。チンパンジーやゴリラなどの高等類人猿と違って、ヒトは、様々な装身具を作って身に付け、自己をアピールする。ヒト以外の生物にとって、自己のアピールは常に自分の身体そのものでしかない。ゴリラの雄が、自分の力量をアピールするために用いるのは、ドラミングとか、木に登ってその枝を大きく揺するとか、自己の身体能力を誇示することのみであるのに対し、ヒトは自己の身体能力ではなく、その属する社会における地位をもって、自己をアピールする。それを最も明瞭に示すものは、文身のような身体への彩色、あるいは装身具である。これらは、いずれも視覚的な標識として、そのような標識を有する人物の社会的地位や、社会的役割を指し示している。これらの視覚標識を読み解くには、それを身に付けた個体の社会的地位や役割を示す語の存在が不可欠であり、それを可能にするのは、指示的コミュニケーションの能力である。すなわち、装飾品は、語という分節構造をもつ指示的コミュニケーションの存在を示すものであると言える。

指示的コミュニケーションの手段であるヒトの話し言葉には、時制、すなわち、述べられた内容が、過去、現在、未来という時空間の、どの時点における言明なのかを明確に示す働きがある。操作的コミュニケーションのみの世界では、常に現在に対する行動の呼びかけしかできず、過去の記憶や、未来に対する期待や不安などを相手に正確に伝えることはできない。この違いをはっきりと示すものに、死後の世界に対する認識がある。ヒト以外の動物にも、死に対するある程度の認識はあるとされているが、亡くなった仲間に対する弔いや埋葬といった、死後の世界に対する認識を示す行動は見られない。ヒトにおいては、古くから副葬品を死者と共に埋葬するという行動様式が見られるが、これは、ヒトが死後の世界の存在を信じることができることを意味する。また、ヒトは、誰を何処に埋葬したのかを示す「墓」という標識を作るが、これは、そのヒトの生前の存在を、過去の出来事として記憶に留めようとする行動であると考えられる。死者に対するこのような行動様式は、ヒトのみに見られるものであって、時制を有するコミュニケーション体系を持たない、他の動物では全く見られない現象である。

現存のヒトの文化に見られるこれら三つの特徴、技術教育、装身具、そして埋葬における副葬品が、文化として存在していたかどうかを検討することは、現在は既に絶滅してしまっている化石人類がどのような形のコミュニケーションをしていたのかを推定するために、有用であろうと考えられる。そこで、ある程度の発話能力を持っていた可能性のあるネアンデルタール人において、これらの点を検討してみよう。

ネアンデルタール人は、高等な道具作成技術を持っていたと考えられている。彼らは、動物の解体や植物の切断、あるいは木を削ったりするのに用いる見事な形のハンドアックスや、動物の皮剝ぎや穴あけに使うスクレーパーやポイントといった石器を作り、先をとがらせた木、あるいは木の先端にポイントを装着した突き槍を使って、獲物に接近して狩りをした(6、32)。しかし、彼らが生きていた数十万年の間、これらの道具の種類や形態には、ほとんど変化が見られていない。ホモ サピエンスは、投槍器や弓矢を使用して、獲物から離れた位置から狩りをしたが、ネアンデルタール人たちは、投槍器も弓矢も、釣り針も発明することはなく、この驚くほどの長期間にわたり、ほとんど同じ技術レベルで生活をしていたのである(6、32)。このことから考えると、ネアンデルタール人たちの高度な道具作成技術は、技術教育の形で世代間に伝承されることはなかったのではないかと思われる。

技術教育の基本は、道具の使用目的、作り方、あるいは使い方の原理を明示的に教えることにあり、モデルに似せた形の道具を作り、同じようにこれを使うという、単なる模倣行為ではない。そのためには、語という分節構造が必要である。

現存のヒトは、狩りに使用するための道具を作る際には、対象となる獲物に特化した道具を作るのが普通である。これが可能となるためには、異なる獲物を示す語が必要となる。日常生活用の道具にしても、皮を剝ぐための道具、皮に穴をあけるための道具、あるいは肉を切るための道具など、用途に応じて様々な道具が考案されてしかるべきであり、そうなれば、用途に合わせた様々な石器が現れてきてしかるべきである。しかし、そのためには、狩りの対象となる獲物の名前を示す名詞や、道具の使用用途を示す、剝ぐ、切る、穿つ、などといった動詞の存在が不可欠である。すなわち、語という分節が存在しない条件下では、技術教育は不可能であり、道具の改良・発展といったことは望むべくもない。数十万年に及ぶネアンデルタール人の生活史の中で、石器の様式にほとんど変化が見られず、また骨を使った骨器も極めて少なかったということは、彼らの技術の伝承は、「見よう見まね」のレベルを超えるものではなく、技術の獲得は一世代限りで完成していったものであると考えられるのである。

ネアンデルタール人の遺跡からは、文身のような身体装飾に用いた可能性があるレーキ（赭土）が見つかっているが、装身具と考えられるようなものは、彼らがヨーロッパにおいて現存のホモ サピエンスと共存するようになった時代の、シャテルペロン文化の遺跡以外では、ほとんど見出されていない(6)。わずかに見つかるこの時代の装身具も、ネアンデルタール人が自らの発想で作成したものかどうかは不明であり、ホモ サピエンスから貰ったり、あるいは盗んだり奪ったりしたものであるか、あるいは見よう見まねでホモ サピエンスが身に付けているのと同じものを作ってみた、といった可能性が高いと思われる。彼らの文化に装飾品がほとんど見出されていないということは、ネアアンデルタール人の社会においては、社会的な地位や役割を示す語がなかったことを示しているのではないかと考えられる。

ネアンデルタール人が死者を埋葬したことはよく知られている(6,32)。しかし、副葬品と思われるようなものは、その埋葬場所からは、ほとんど見出されていない。稀な例として、イスラエルのカフゼー洞窟とスフール洞窟からは、獣骨と一緒に埋葬されたと考えられる人骨が発掘されている(6)(ネアンデルタール人の特色をもつホモ サピエンスとの説もある)。しかもスフール洞窟の人骨は、イノシシの下顎骨を手の中に抱きしめた形で埋葬されていた。イラクのシャニダールで発掘されたネアンデルタール人は、その墓穴から春先の花の花粉が見出されたことから、花とともに埋葬されたのではないかと考えられたが、現在ではこれは意図的に墓穴に入れられた花の花粉ではなく、偶然に紛れ込んだものであろうと考えられるに至っている(6)。一方、イスラエルのケバラ洞窟で見出された埋葬されたネアンデルタール人では、頭蓋骨と足の骨が見出されなかったことから、食人を含む何らかの死後の儀式が行われていた可能性が考えられている(6)。

二十世紀末から調査されているスペインのアタプエルカ山地にあるシマ・デ・ロス・ウエソス（骨の穴）と呼ばれる洞窟にある岩の隙間でできた立坑は、ネアンデルタール人の埋葬の地であったと考えられており、少なくとも二八体のネアンデルタール人の遺体が、食肉獣に喰われないように埋葬されている(32)。ここには、これらの遺体と共に珪石で作られたハンドアックスも発見されており、遺体と共に投げ入れられた可能性が考えられるが、現存のヒトの埋葬に際して収められた副葬品とは、全く異なった意義を持つものであると言わざるを得ない。これらのことから考えると、ネアンデルタール人のこころの中には、死後の世界という概念はなかったのではないかと思われる。

最近、この骨の穴遺跡で発見された頭骨の中から、同じ鈍器で前頭部を二回殴打されたと思われる致命的な外傷痕を持つものが見出され、これは殺意のある暴力行為を示すものであると考えられた(38)。この発見は、四十万年以上前に起こった人類史上最初の殺人事件として、新聞でも報道されている(39)。

ネアンデルタール人の絶滅の時期は、これまでは約三万年前とされていたが、ハイアム（Higham T）ら(40)の新しい年代測定法により、約四万年前には既に絶滅していたらしいということが明らかになってきた。ネアンデルタール人の絶滅の理由としては、これまでにも、ホモ サピエンスとの狩猟技術の差が取り上げられてきたが、シップマン（Shipman P）(41)は、その中で重要な意味を持つものとして、イヌの家畜化を挙げている。彼によると、これまでに見出されたイヌの化石のうちもっとも古いものは、三万六千年前のものであるといい、この頃までに、既にホモ サピエンスは、イヌを飼育していたと考えられるとしている。

イヌは、集団で獲物を追い、周りを囲んで吠え立て、獲物が逃げないように追い詰めるという、オオカミの狩りの習性を持っている。ホモ サピエンスは、鋭い嗅覚を持つイヌを使って獲物を発見させ、その獲物を追い詰めて、動けないように取り囲んだところに、後から到着して獲物をしとめるという方法の狩りを営むことにより、狩りの効率を飛躍的に向上させたのに対し、ネアンデルタール人は、獲物を待ち伏せて突き槍で仕留めるという従来の方法に頼っていたため、狩りの能率という点において格段に劣っていた。このため、ホモ サピエンスとの生存競争に敗れたのではないかと考えられる。イヌの家畜化がどのような過程を経て実現されたのか、詳細は未だ不明であるが、オオカミから家畜化していったことは確かであろう。そして、動物を家畜化していくに際して、「伏せ」「待て」「行け」などといった、単語という単位の分節を持つ言語は、極めて有用であったと思われる。言い換えるなら、ネアンデルタール人たちは、そのような分節性の言語を持っていなかったがために、イヌの家畜化ができなかったのではないかと思われる。

このように、技術教育、装飾品、埋葬と副葬品、イヌの家畜化など、様々な視点を総合して考えると、ネアンデルタール人が話し言葉の能力を持っていたとしても、それは語という分節単位を統語という法則によって結合した構造を持ち、かつ時制という法則によって、その言明の時間的な位置を示すことができるような言語体系ではなかったと考えられる(33)。彼らの音声コミュニケーションは、操作的コミュニケーションにとどまっており、現存のホモ サピエンスが用いているような、指示的コミュニケーションの手段ではなかったのであろう。

話し言葉の個体発生

このように、ヒトの話し言葉は、生物進化史上においても、極めて独特なものであるが、その個体発生はどのようになっているのであろうか。近年、様々な研究方法が開発されてきたことにより、ヒトにおける話し言葉の発達過程は、母親の胎内にいる時から既に始まっていることが判ってきている。

胎児に同じ音を反復して聞かせると、最初は脈拍数が減少するが、反復している間に脈拍数はもとに戻る。この現象を使って胎児の言語音の認知能力を検査すると、妊娠三十六〜四十週の胎児は、反復して聞かせた［babi］という音節が［biba］に変わった時、脈拍数の減少を示した(38)。また、出産を控えた妊婦に、四週間にわたって毎日同じ詩を朗読してもらっておき、三十七週に入った時に、母親が毎日朗読して聞かせた詩と、母親ではない女性が朗読した違う詩を、胎児の頭の位置に置いたスピーカーから交互に聞かせると、母親の朗読のみに対して、胎児の脈拍数減少が起こった(42)。これらのことは、ヒトは既に胎児の時に母親の声を認識し、また語音を認識する能力を持っていることを示すと考えられる。

新生児に対する音声認知能力の検討は、吸引運動の強さを目安として行われている。これは非栄養吸引法と呼ばれる実験で、児にゴムの乳首をくわえさせ、強く吸引すると何らかの音刺激が与えられるような装置につなぐ。新生児は、最初は強く吸引して音刺激を聞こうとするが、毎回同じ刺激だと

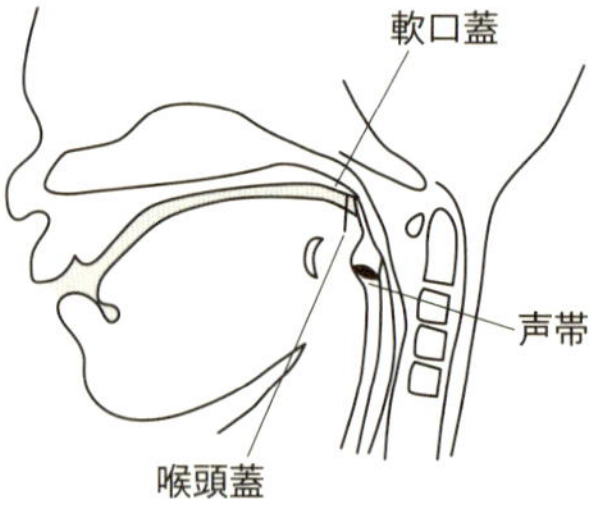

図5　新生児の声道

(Nishimura T. The Origins of Language: Unravelling Evolutionary Forces. Springer, 2008[45]より)

厭きが生じて、吸引力が弱まる。しかしこの時新しい音刺激が聞こえると、再び吸引力を強めて、この刺激音を聞こうとする。この方法を用いて調べると、生後数日しか経っていない新生児でも、自分の母親の声と、他の女性の声とを識別でき、また有声音［ba］と無声音［pa］を識別したり、母語と外国語を識別したりすることができることが判明している(42-44)。

このように、言語音の認知能力は既に新生児期において発達してきているが、この時期には発話は全く不可能である。その理由は、ヒトの新生児の声道では、チンパンジーと同じように喉頭の位置が高く、喉頭蓋と口蓋が接しているため、咽頭が小さく、声帯音は鼻腔にしか抜けず、口腔内には導入されないからである(43, 45)（**図5**）。このため、新生児は、発声はできても言葉をしゃべることはできない。しかし、このような構造のため、新生児では、気道と食物道はほぼ完全に分離されており、口から乳を吸いながらも、むせたりすることなく安全に、鼻から呼吸ができる。

生後三か月頃から、こうした声道の構造が変化し始める。すなわち、喉頭が下方に下がって、声道は水平方向から垂直方向に向かうようになり、咽頭が発達して、声帯音が口腔内に導入されてくる。これにより、赤ちゃんは、「最初の声変わり」を迎えることになり、話し言葉を発する基本構造ができ上がってくる(43)。そして、赤ちゃんは、「アー」とか「クー」といった音声を発するようになってくる。

正高は、この時期の赤ちゃんが発声技術を学びとっていく過程においては、母親の「オウムがえし」が重要な役割を果たしているのではないかと述べている(43、44)。彼は、三か月児と四か月児において、母親の「オウムがえし」の効果を調べている。それによると、母親が自分の発声に「オウムがえし」で答えた場合、三か月児ではそれを再び模倣した発声を行う傾向がないが、四か月児では、母親が「オウムがえし」をすると、それを模倣した発声を行うという。このことは、生後三か月から四か月の時点において、発せられた音声の同一性に対する認知能力が発達してくることを示している。それと同時に、母親の発した音声を真似て、同じ音声を発する能力ができてくることを示している。

これに伴って並行して獲得されてくる重要な行動パターンに、「代わりばんこ(turn taking)」がある。自分の発声に対して母親が応え、そしてそれに対して再び自分の発声で応えるという行動パターンは、話し言葉によるコミュニケーションを成り立たせるための基本である「代わりばんこ」の学習になっていると考えられる。このような母子の間に生じる「代わりばんこ」の行動パターンは、発声や発語が成立するはるか以前の新生児期から見られており、新生児の模倣行為は、その萌芽的な行動パターンであると考えられる(46)。

赤ちゃんは、このような段階を経て、自然言語の音節からなる喃語（babbling）を発し始めるようになる。その時期には個体差が多く、生後七か月頃から十か月頃にわたっている。筆者の父が残した筆者の成長記録によれば。生後二七九日（生後十か月目）に「ウマウマ」と言い出したと書かれているので、この頃喃語期を迎えたのではないかと思われる。

かつて、喃語は、どの言語圏においても同じ語音から成ると言われたこともあったが、今日では、異なった言語圏の赤ちゃんは、喃語においても、母語に特徴的な母音のフォルマント構造や、イントネーション、すなわち発話時における特徴的なメロディーラインがあるということが判ってきた(42)。

正高(43)は、母親に対して発せられた赤ちゃんの喃語のメロディーラインを、そのメッセージの内容に応じて分類してみると、母親の注意をひこうとしたり母親の持っているものをねだったりする時、母親が自分が手に持っているものを取り上げようとしたときにこれに抵抗したり、あるいは母親に自分の持っているものを渡そうとする時、そして母親に語りかけたり、ものを眺めながらその見つめていた視線を母親の方に向ける時、という三通りの場合において、喃語のメロディーパターンが異なることを見出した。これに対し、発せられた喃語の語音の種類と、メッセージの内容との間には明らかな関係はなかった。これらのことは、発話においてまず発達してくるのは、個々の語音の構成パターンではなく、発話のメロディーラインであるということが判る。

生後十か月頃から、赤ちゃんは発話の中から語を抽出し、その意味を理解するようになるが、切れ目なく発せられる大人の発話を聞いた赤ちゃんが、どうやって語という分節を切り出して認知できるのかについては、未だ不明な点が多い(35、42)。しかし、一歳前後になった赤ちゃんは、モノには名前があることを認識するようになり、それに次いで、自らもそれに対応する単語を発するようになる。これがいわゆる始語であり、個体差はあるが、一般的には、生後十一か月から十四か月の期間に出現する(42)。語義の理解力の獲得と、それに対応する語の発話能力の獲得との間には、それほど時間的なギャップがないように思われる。先述の父の記録によれば、筆者の場合、一歳二か月時に、親が発した単語「イヌ」「ウマ」を、絵本で指示したとあるが、その二週間後には、筆者が始語として「イヌ」「ニャーニャー」を喋ったと記録されているので、語義理解と発語は、ほぼ同時期に始まったと言えそうである。

しかし、始語に先立って、赤ちゃんは様々なジェスチャーによるコミュニケーション(47)の能力を既に獲得しているのが普通である。筆者の発達記録を見ても、始語に三か月先立つ生後十一か月から一歳の頃には、「チョウダイ」をしたり、「ハイチャイ」をするようになったと記録されており、話し言葉によるコミュニケーション以前に、ジェスチャーによるコミュニケーションが獲得されたことがわかる。しかし、このようなジェスチャーによるコミュニケーションは、あくまでも操作的なコミ

表2　筆者が生後17か月時に発することのできた17個の単語（筆者の父による筆者の発達記録より）

名詞	トーチャン、ウジラ（鯨のこと）、チョウチョウ、アイヨ（足または足袋）、ウマ、パイパイ（おっぱい）、モーモー（牛）、イヌ、ニャーニャー（猫）、ガーガー（家鴨）、ポッポチャン（鳩）、ピーチャン（キューピー人形）、ピヨピヨ（ひよこ）、ブーブー（自動車）
動作表現	ネンネ（寝る）、ヨイヨイヨイ（散歩する）、ハイチャ（さようならをする）

以上の17語に加えて、「イヤヨ」という拒否の表現が記録されているが、これは語としては算入しなかった

ュニケーションであり、ヒトの言語が可能にした指示的コミュニケーションではない。指示的コミュニケーションが成り立つためには、発話には語という分節構造があるということを認識し、それに従って語彙を獲得する必要がある。

語彙は、生後十四か月頃から二歳頃にかけてどんどん増えてくる。語彙数の増加には個体差が多く、あるデータ(42)によれば、十三か月児で平均一〇語、十七か月児で平均五〇語とあるが、筆者の発達記録を見ると、十七か月時に父が記録した筆者の語彙数は、わずか一七語であった（**表2**）。これからもわかるように、語彙としては圧倒的に名詞、特にモノや動物の名前が多く、動詞にあたる動作表現の語は少ない。名詞は語彙全体の八割を超えており、動詞は二割に満たない。この傾向は筆者だけに特有なものではないようであり、五〇語程度の語彙を有する英語圏の子供でも、その七〇%は名詞であるといい、ドイツ語圏の子供の調査では、語彙中の動詞は三%しかなかったという(38)。ただ、同じ程度の語彙数を持つフランス語圏の子供では、動詞の占める割合が一三%であったという(42)。

表3　語彙数50語未満の子供における語彙の種類別分布（%）

	名詞	動詞・その他
フランス人	68.5	31.5
アメリカ人	74.6	25.4
スウェーデン人	67.9	32.1
日本人	50.9	49.1

（ド・ボワソン・バルディ B・著，加藤晴久ほか・訳「赤ちゃんはコトバをどのように習得するか」藤原書店，2008[42] より）

様々な言語圏における子供の語彙の調査(42)によれば、語彙数が五〇語未満の各国語圏における語彙の分布は、**表3**に示す通りであった。これを見ると、欧米言語圏では名詞がほぼ七割を占めるのに対し、日本語圏では語彙全体の半分でしかない点が際立っている。その理由は、彼らの研究では、日本語に多いオノマトペ（擬態語）をすべて動詞およびその他に分類したことにあるのではないかと思われる。**表2**に示した、「モーモー」「ニャーニャー」、「ガーガー」、「ピヨピヨ」、「ブーブー」といったオノマトペ(48)からもわかるように、日本人の子供が使うオノマトペには名詞が多く、**表3**の「その他」に含まれるオノマトペの割合一三・六%を名詞として扱うと、日本人の名詞の割合は六四・五%となり、欧米語の語彙の分布とほぼ同じになる。こうして考えると、子供が獲得する語彙の六〜七割は、名詞であると言えるであろう(49)。

状態を表わす語の獲得について、父が残した筆者自身の発達記録を見ると、一歳七か月で、「マンマ　オイチー」という二語文発話が記録されており、その一か月後、すなわち一歳八か月の時点では、

「アマイ」、「カライ」、「カユイ」、「イタイ」、「アツイ」といった語を使ったことが記録されている。一歳十か月の記録では、これに加えて「チョット　アツイ」、「モット　チョウダイ」といった、副詞の使用が始まったことが記録されている。この時点で、筆者は、父の郷里である岐阜県府中村（現在の垂井町府中）の祖母の所に疎開したが、この時に、「マコトチャン　フチュー　オバーチャン　ソカイ」という文を発したと記録されている。この発話が興味深いのは、助詞の使用や、時制などは見られないのにもかかわらず、日本語の文としての語順はよく保たれていることである。他の言語圏の子供においても、所属する言語圏における語順の規則は、二歳になる前に獲得されるようである。

その後の言語発達において重要なのは、時制の識別と助詞の使用規則能力の獲得であろう。父の郷里への疎開後の筆者自身の言語発達記録は、筆者の母によって続けられた。それによると、二歳三か月の発話「ユキ　タクサン　フッテイル」「クーシューケイホー　ハツレイニナッタ」には、時制認知能力の萌芽が見られるように思われるし、同じ頃の発話「ヒナガ（母の実家のある三重県四日市市日永のこと）モ　ユキ　フッテル？」「オトーサマニ　オニモツ　オクルノネ」では、助詞が適切に使用されており、二歳過ぎから、これらの能力が芽生えてくるものと思われる。また、興味深いのは、因果関係を表わす複文の産生も、この頃から始まってくることであり、筆者の言語発達記録によると、二歳三か月から四か月程度で、複文が出現している。例えば、昼間、家に遊びに来た小学生が鬼の面をかぶったのを見て泣いた日の夕方、「オニイチャンガ　オニヲ　カムッタカラ　ボウヤ　ナイタネ」

と言ったり、雪かきをした翌日に「キノウ　ユキガフリマシタデ　ボウヤハ　ユキノケ　シテイマス」と言ったりしているのは、複文の産生能力の萌芽と見ることができよう。しかし、この段階ではまだ、後者の発話に見るように、「フリマシタノデ」の「ノ」が使われなかったり、「シテイマス」といったような時制の誤りなど、不完全な部分も多い。時制や助詞の使用についての、ほぼ正しい運用ができるようになるのは、小学生になる頃である。

このような言語能力の発達過程は、ヒトの遠隔記憶の形成にも、大きな影響を与えていると考えられる。先に、三歳から四歳以前の出来事が記憶に残らない、幼児期健忘症(34)という現象は、文という形での出来事の認識フレームができていないからではないかと述べたが、明確な出来事記憶が形成されるためには、単に出来事を文という認識フレームを用いて言語化するのみでなく、その出来事の認識フレームに、時間と場所のタグをつけねばならない。幼児期健忘症という現象から考えると、そのような時間と場所のタグのついた明確な出来事記憶の形成に必要な能力が確立するのが、早くとも三歳を過ぎてからのことであると言えよう。

出来事記憶というものは、嬉しい思い出、不愉快、あるいは悲しい思い出、といったように情動との強固な結びつきがあるのが普通であり、強い情動を伴った出来事のほうが、そうでない出来事よりも記銘されやすく、また、忘れ去ることも少ない。幼児期の最も古い出来事記憶は、強い情動変化を伴った出来事であることが多く、時と場所がハッキリと同定できる最初の出来事記憶をたどると、恐怖感を伴う記憶であることが多い。筆者の場合のそれは、筆者が三歳六か月の時、疎開から東京に戻ってきた時の記憶である。疎開先から戻ってきた筆者と母を東京駅まで迎えに来た父は、田舎暮らしの続いた私たちを、路面電車に乗せようとしたが、それまで道路の上を走る電車を見たことがなかった筆者は、路面電車を見て非常な恐怖感を覚え、足がすくんで歩けなくなった。この出来事は極めて鮮明な記憶として今でも残っている。

しゃべるヒトの誕生

以上に見てきたように、現存のヒトの言語は、音韻、語、句ないし文、というような階層的な分節構造を持つのが特徴である。語という分節は、ヒトをとりまく外界のあらゆる「もの」の存在を、名詞として明示するために必要である。ボルヘス（Borges JL）の小説『トレーン、ウクバール、オルビス・テルティウス』(50)では、名詞のない架空の世界が描かれており、そこでは、外界に存在する「もの」は、非人称動詞と副詞、あるいは形容詞の積み重ねによって表現される。例えば、月は、「暗い＝円い、上の、淡い＝明るい」と表現されるという。しかし、これでは、暗い白熱電灯と月とを、どのようにして識別するのかが大きな問題となるだろうし、池の水面にぼんやりと映った三日月を表現するには、「円い」「上の」といった言葉は、不適である。もしボルヘスが描いたような言語体系があったとすると、「虎が来たから逃げろ」とか、「おいしそうなイチジクがなっているから、取りに行こう」とかいったごく簡単な内容のメッセージを正確に伝えるのにも、極めて複雑な言い回しが必要となるし、「虎」とか「イチジク」といった「もの」の概念は形成されないであろう。そうなると、ヒトを取り巻く外界というものは、極めて曖昧模糊とした感覚情報の集合体でしかなくなってしまい、「もの」の概念は形成されなくなってしまうであろう。「もの」の概念が形成されなければ、博物学的知識体系は成立しない。「わさび」とか、「スパゲッティ」という名詞があることによって、食材の知識体系が成立していることを考えれば、「もの」の概念を表現する名詞という語の存在こそが、ヒトの知識体系を構築する最も重要な要素ということができる。

しかし、ヒトは、「もの」を知るだけでなく、「もの」と「もの」との関係、すなわち「こと」の知識がなければ、外界の出来事を知ることができない。様々な事象の因果関係や相関関係も、「こと」としての知識がなければ理解不能である。「こと」を記述するための文の産生能力が獲得されていなければ、哲学や科学といったものは存在し得ない。語によって獲得した博物学的知識体系を統合して、外界の「ものごと」をくまなく理解するためには、語だけでなく文という構造が不可欠である。話し言葉の中で、語という分節を得、主語と述語からなる文、という表現形式を実現したことが、ヒトという生物を、他のいかなる生物とも際立って異なった存在として位置づけることになったと考えられる。この特質を重視するなら、ヒト属の進化の到達点は、*Homo loquens*（ホモ ロクエンス＝しゃべるヒト）の誕生であったと言えよう。しかし、ホモ ロクエンスは、突然出現したのではなく、百万年以上にわたるホモ エレクトゥスからネアンデルタール人を経て、ホモ サピエンスに至る進化の過程の中で、徐々にその能力を完成させてきたと考えるべきであろう。進化の最終段階に現れてきたホモ サピエンスに至っても、完成されたホモ ロクエンスとして、言語能力に関与する複数の遺伝子がその機能を十分に発揮するまでには、かなり長い時間を要したのであろうと考えられる。

第二章　文献

（1）岩田誠『脳とコミュニケーション』朝倉書店、東京（一九八七年）
（2）藤崎博也「言語音声の物理」〈東京大学公開講座9〉『言語』（大河内一男・編）、東京大学出版会、東京、二九 - 四七頁（一九六七年）
（3）Lieberman P. Uniquely Human: The Evolution of Speech, Thought, and Selfless Behavior. Harvard University Press, Cambridge（1991）
（4）Lieberman P.Interactive models for evolution: Neural mechanisms, anatomy, and behavior. Ann N Y Acad Sci 280: 660-672（1976）
（5）ジョハンソン・DC、ジョハンソン・LC、エドガー・B（著）、馬場悠男（訳）『人類の祖先を求めて』（別冊日経サイエンス117）、日経サイエンス社、東京（一九九六年）
（6）タッターソル・I（著）、高山博（訳）『最後のネアンデルタール』（別冊日経サイエンス127）、日経サイエンス社、東京（一九九九年）

（7）Filler AG. The Upright Ape. Career Press, Franklin Lakes（2007）／日向やよい（訳）『類人猿を直立させた小さな骨—人類進化の謎を解く』東洋経済新報社、東京（二〇〇八年）
（8）Lenneberg EH. Biological Foundations of Language. John Wiley & Sons, Hoboken（1967）／佐藤方哉、神尾昭雄（訳）『言語の生物学的基礎』大修館書店、東京（一九七四年）
（9）Hayes KJ, Hayes C.The intellectual development of a home-raised chimpanzee. Proc Am Philos Soc 95: 105–109（1951）（cited from Lieberman[3]）
（10）Gardner RA, Gardner BT. Teaching sign language to a chimpanzee. Science 165: 664–672（1969）（cited from Lieberman[4]）
（11）Patterson F, Linden E. The Education of Koko. Russell & Volkening, New York（1981）／都守淳夫（訳）『ココ、お話しよう』どうぶつ社、東京（一九八四年）
（12）松沢哲郎『チンパンジー・マインド—心の認識の世界』岩波書店、東京（一九九一年）
（13）岩田誠「文字—記号学から神経学へ」神経内科、一〇巻（六号）、五四二-五五二頁（一九七九年）
（14）廣瀬肇「発声と構音のメカニズム」神経進歩、三〇巻、三八〇-三八八頁（一九八六年）
（15）岩田誠『脳とことば—言語の神経機構』共立出版、東京（一九九六年）
（16）Iwata M. Clinical and pathological studies of slowly progressive aphasia without global dementia. Ann Bull RILP 27: 171-179（1993）
（17）Nishitani N, Hari R. Temporal dynamics of cortical representation for action. Proc Natl Acad Sci USA 97: 913–918（2000）
（18）Rizzolatti G, et al. Premotor cortex and the recognition of motor actions. Brain Res Cogn Brain Res 3:

131-141（1996）
（19）西谷信之「言語野の進化」神経進歩、四七巻、七〇一 - 七〇七頁（二〇〇三年）
（20）橋本龍一郎、酒井邦嘉「イメージングからみた言語機能」神経進歩、四七巻、七三五 - 七四四頁（二〇〇三年）
（21）Nagai C, Inui T, Iwata M.Role of Broca's subregions in syntactic processing: A comparative study of Japanese patients with lesions in the pars triangularis and opercularis. Eur Neurol 63: 79-86（2010）
（22）Damasio H, et al. A neural basis for lexical retrieval. Nature 380: 499-505（1996）
（23）Dejerine J. Sur un cas de cécité verbale avec agraphie, suivi d'autopsie. C R Soc Biol 3:197-200（1891）
（24）Dejerine J. Contribution à l' étude anatomo-pathologique et clinique des différentes variétés de cécité verbale. C R Soc Biol 4: 61-90（1892）
（25）Geschwind N. Disconnexion syndromes in animals and man. Brain 88: 237-294（1965）
（26）Iwata M. Kanji versus Kana: Neuropsychological correlates of the Japanese writing system. Trends in Neurosciences 7: 290-293（1984）
（27）岩田誠「左側頭葉後下部と漢字の読み書き」失語症研究、八巻、四八 - 五四頁（一九八八年）
（28）Sakurai Y, et al. Cortical activation in reading assessed by region of interest-based analysis and statistical parametric mapping. Brain Res Protoc 6: 167-171（2001）
（29）櫻井靖久「読字の脳内メカニズム」神経進歩、四七巻、七四五 - 七五三頁（二〇〇三年）
（30）Iwata M. Circuits neuronaux de la lecture et de l'écriture dans la langue japonaise（le kanji et le kana）.

Bull de l'Acad Méd 188（4）: 667–673（2004）
（31）岩田誠「言語の脳機構」日内会誌、九五巻（九号）、一六九一－一六九七頁（二〇〇六年）
（32）Arsuaga JL.El Collar del Neandertal: En Busca de Los Primeros Pensadores. Ediciones Temas de Hoy, Madrid（1999）／藤野邦夫（訳）、岩城正夫（監修）『ネアンデルタール人の首飾り』新評論、東京（二〇〇八年）
（33）Mithen S. The Singing Neanderthals: The Origins of Music, Language, Mind and Body. Harvard Univ Press, Cambridge（2006）
（34）Rovee–Collier C, Hyne H. Memory in infancy and early childhood. In: The Oxford Handbook of Memory（ed by Tulving E, Craik FIM）. Oxford Univ Press, New York（2000）, pp267–282.
（35）Pinker S. The Language Instinct. William Morrow and Cie, New York（1994）／椋田直子（訳）『言語を生みだす本能』（上・下）日本放送出版協会、東京（一九九五年）
（36）Mithen S. The Prehistory of the Mind:The Cognitive Origins of Art,Religion and Science. Thames and Hudson, London（1996）
（37）Goodall J. In the Shadow of Man. Houghton Mifflin Hartcourt, New York（1971）
（38）Sala N, et al. Lethal interpersonal violence in middle Pleistocene. Plos One 10（5）: e0126589（2015）
（39）小林哲「人類最古の殺人?」朝日新聞 五月二十九日夕刊（二〇一五年）
（40）Higham T, et al.The timing and spatio–temporal patterning of Neanderthal Disappearance. Nature 512: 306–309（2014）
（41）Shipman P. The Invaders: How Humans and Their Dogs Drove Neanderthals to Extinction. Harvard University Pres, Cambridge（2015）／河合信和（監訳）『ヒトとイヌがネアンデルタール人を絶

滅させた』原書房、東京（二〇一五年）
（42）De Boysson-Bardies B. Comment La Parole Vient Aux Enfants. De la Naissance Jusqu'a Deux Ans. Edition Odile Jacob, Paris（1966）／加藤晴久、増茂和男（訳）『赤ちゃんはコトバをどのように習得するか―誕生から2歳まで』藤原書店、東京（二〇〇八年）
（43）正高信男『0歳児がことばを獲得するとき―行動学からのアプローチ』（中公新書）中央公論社、東京（一九九三年）
（44）正高信男、辻幸夫『ヒトはいかにしてことばを獲得したか』大修館書店、東京（二〇一一年）
（45）Nishimura T. Understanding the dynamics of primate vocalization and its implications for the evolution of human speech. In: The Origins of Language: Unravelling Evolutionary Forces（ed by Masataka N）. Springer, Tokyo/Berlin/ Heiderberg/New York（2008）, pp111-131.
（46）Reddy V. How Infants Know Minds. Harvard Unversity Press, Cambridge（2008）／佐伯 胖（訳）『驚くべき乳幼児の心の世界―二人称的アプローチから見えてくること』ミネルヴァ書房、京都（二〇一五年）
（47）Corballis MC. From Hand to Mouth: the Origins of Language. Princeton Univ Press, Princeton（2002）／大久保街亜（訳）『言葉は身振りから進化した―進化心理学が探る言語の起源』勁草書房、東京（二〇〇八年）
（48）Kita S. World-view of protolanguage speakers as inferred from semantics of sound symbolic words: A case of Japanese mimetics. In:The Origins of Language: Unravelling Evolutionary Forces（ed by Masataka N）. Springer, Tokyo/Berlin /Heiderberg/New York（2008）, pp25-38.

（49）Tomasello M.Constructing a Language:A Usage-Based Theory of Language Acquisition. Harvard Univ Press, Cambridge（2003）／辻幸夫ほか（訳）『ことばをつくる―言語習得の認知言語学的アプローチ』慶應大学出版会、東京（二〇〇八年）

（50）ボルヘス・JL（著）、鼓直（訳）『伝奇集』（岩波文庫）岩波書店、東京、一三‐四〇頁（一九九三年）

第三章　ホモ　ピクトルと美の誕生

Homo pictor

洞窟画は誰が描いたのか

米国の科学雑誌「Science」の二〇一二年六月一五日号の表紙には、スペイン・アルタミラの洞窟画が掲載されていた。その理由は、英国ブリストル大学の考古学・人類学教室のパイク（Pike A）ら(1)の行った、スペイン北西部カンタブリア地方からアストゥリアス地方にかけて点在する洞窟に描かれた絵画の年代決定調査結果の論文が、その号に載ったからである。

彼らは、ウラニウム―トリウム年代測定法（U-Th dating method）という新しい技術を用いて、これらの洞窟に絵画が描かれた年代を正確に測定した。これらの洞窟は鍾乳洞であるため、描かれた絵画の上には、長い年月をかけて徐々に堆積した石灰質の膜が形成されていくが、ここには微量のウラニウムが含まれている。このウラニウムは時間とともに崩壊して放射性のトリウム230になっていくので、このトリウム230を測定することにより、この堆積物がいつごろから絵画を覆うようになったかがわかることになる(2)。このような方法は、半世紀以上前から知られていたが、当時は測定に必要な試料が一〇〇グラム以上必要だったため、洞窟画の年代測定には使用できなかった。しかし、測定法の進歩により、今日では、厚さ一ミリ以下の堆積物の膜が一〇ミリグラム程度あれば、正確な年代測定ができるまでに至ったのである。パイクらは、この方法を用いて、スペイン北西部の海岸沿いにある洞窟に描かれた絵画の年代測定を行った(1)。調査対象になった洞窟には、有名なアルタミラ（Altamira）洞窟が含まれている。

彼らの調査によると、最も年代的に古いと考えられたものは、エル・カスティーヨ（El Castillo）洞窟に描かれた、複数の赤い円盤であり、これらは少なくとも四万八百年以上前に描かれたものであると考えられた(1)。また、一万数千年前に描かれたとされるバイソンの絵で有名なアルタミラ洞窟では、連続する点で描かれた馬の絵は二万二千年前に、棍棒状の印は三万五千六百年前に、それぞれ描かれたと結論づけられた。これまでの洞窟壁画の年代決定は、炭で描かれたものについて、炭素14年代測定法によってなされてきたが、この方法で年代決定された洞窟画中最も古いものは、一九九四年に南仏アルデーシュで発見されたショーヴェ（Chauvet）洞窟であり、ここに描かれた最も古い絵画は、三万年から三万三千年ほど前に描かれたと推定されていた(3)。そうなると、エル・カスティーヨ洞窟の赤い円盤は、ショーヴェ洞窟の絵画よりおよそ八千年ほど前に描かれたことになる。世界的に有名なラスコー（Lascaux）洞窟の絵画は、およそ一万七千年ほど前に描かれたとされているので、エル・カスティーヨ洞窟に描かれた赤い円盤より二万三千年以上遅れて描かれたことになる(4)。

ここで問題になったのは、四万八百年前にエル・カスティーヨ洞窟の赤い円盤を描いたのは誰だったのか、という問題である。パイクら(1)は、描き手がネアンデルタール人であった可能性を指摘しているのだが、その可能性はあるのだろうか。

ヒト属（*Homo*）と呼ばれるようになったわれわれの遠い祖先は、アフリカで生まれたと考えられている(5)。ヒト属の先祖のうちホモ エルガステルと呼ばれる最も古いグループは、約百八十万年前にアフリカを出て、アジア、ヨーロッパへと第一次の大移動を開始した(6)。東方へと移動していったグループは、百六十万年ほど前には、中国やジャヴァ島に達した。北方へと移動していったヒト属のグループは、中近東を経て、百七十万年ほど前にはジョージア（旧グルジア）地方に達し、ここから更にヨーロッパ大陸へと移動を続け、八十万年ほど前にはスペインに、五十万年ほど前には今の英国にまで到達した。

この長い移動の過程の中でヒト属は進化を続け、その頂点をなすヒト属として、約二十～三十万年前までに旧人、すなわちネアンデルタール人が誕生した(7)。エル・カスティーヨ洞窟の赤い円盤が描かれた遥か以前から、既に旧人たちはヨーロッパ大陸から中近東にかけての広い領域に二十万年以上にわたって住み続けていたのである。最近の新しい年代測定法(8)によると、これまで三万年前までは西ヨーロッパに生息していたと考えられたネアンデルタール人は、三万九千～四万一千年前には絶滅したと考えられるようになっているので、エル・カスティーヨ洞窟の赤い円盤が描かれたのは、ほぼ彼らの絶滅時期に一致しているが、ぎりぎりのところで描き手がネアンデルタール人であった可能性も残っている。

一方、アフリカに留まったヒト属から、今から約二十万年前に新しいグループが誕生した(5、6)。それが、ホモ サピエンス、または新人と呼ばれるわれわれの直接の祖先である。新人も誕生後アフリカを離れて移動を続け、とうとう地球上のすべての領域に住みつくようになった。これがヒト属の第二の大移動である。

七万年前に中国に達した新人は、カムチャッカから当時は陸続きだったアラスカを経てアメリカ大陸にわたり、南北アメリカ大陸を南下して、今から一万数千年前には南米の南端フェゴ島にまで到達した。また、新人の他のグループは、当時は陸続きだったインドネシア、ニューギニアを経て、六万五千年前にはオーストラリア大陸に住み着くようになった。これらとは異なる第三の新人グループは、五万年ほど前にジョージア(旧グルジア)地方に達し、ここから黒海の北側を廻って、約四万五千年ほど前に、西ヨーロッパに住みつくようになったが、ここには既に旧人が住んでいたため、その後数千年の間、この地域では新人と旧人が共存するようになった(9)。すなわち、エル・カスティーヨ洞窟の赤い円盤が描かれた時期には、新人もまた、西ヨーロッパ地域に住んでいたことになる。すると、エル・カスティーヨ洞窟の赤い円盤を描いたのは、旧人、新人、どちらの可能性もあるということになる。すなわち、描かれた年代測定からだけでは、洞窟画の描き手を同定することはできないのが現状である。したがって、洞窟画の描き手を同定するためには、旧人と新人の精神活動や生活様式など、他の様々な要素を検討してみなくてはならない。

ドイツ、デュッセルドルフ近郊のネアンデルの谷の洞窟で、今日ではネアンデルタール人と呼ばれる人骨が発見されたのは、一八五六年であった(7)。この見慣れない骨を発見した石灰岩の採掘鉱夫たちは、地元の高校教師であり、アマチュア博物学者だったフールロット(Fuhlrott J)にこれを見せた。フールロットは直ちにその重要性に気づき、これをボン大学のシャーフハウゼン(Schaaffhausen H)教授のところへと持ち込んだ。シャーフハウゼンは、翌一八五七年六月、ライン地方自然史学会に、フールロットと共同で、この骨を古代の人骨として、ネアンデルタール化石と名付けて報告した。ダーウィンの『種の起源』が世に出る三年前のことであった。彼らの報告は、直ちに激しい論争を引き起こした。シャーフハウゼンの同僚であったマイヤー(Mayer A)は、これがナポレオン戦争時代に軍を脱走して亡くなった、くる病のコサック騎兵の骨であると主張したが、このマイヤーの説を、当時の生命科学研究の大御所であったウィルヒョウ(Virchow R)が支持したことから、シャーフハウゼンの報告は、ドイツでは正当な評価がなされないままであった。

しかしその後、一八六三年に英国の解剖学者バスク(Busk G)が、一八四八年にジブラルタルの採石場で発見されていた頭骨が、ネアンデルタール化石と共通の特徴を持つということを発表し、更に一八八六年にベルギーのスピー洞窟から二体の同様の骨が見出されたことにより、ネアンデルタール化石は、現代人とは異なる旧い人類のものであることが、やっと、認められるようになったのである(7)。

こうして、ネアンデルタール化石が旧い人類のものであることが認められ、この人々がネアンデルタール人と呼ばれるようになっても、旧人に対する偏見は容易にはなくならず、その後も、彼らは知能の低い下等な人類とみなされ、野蛮な原始人類として扱われてきた。しかし、近年になり、保存状態の良好な旧人の骨格が多数見出されるようになり、また彼らの生活様式を示唆する考古学遺跡や遺物も沢山発見されるようになってくると、旧人たちは高い知的な能力を有する人々であったことが、徐々にわかってきた(7)。狩りをする能力や、見事な石器を作成する高い技術力を持っていた彼らは、洞窟などに一定期間定住し、獣皮を加工した衣服を纏っていたと考えられている。

これらのことから考えると、エル・カスティーヨ洞窟の壁に描かれた赤い円盤は、彼らの手になるものと考えてもよいように思われる。しかし、ここで問題になることは、この描かれた円盤を、「絵」と評価してよいかどうかということである。すなわち、描く技術と、描かれたものを「絵」として認識する能力とを区別する必要がある。そのことを端的に物語っているのは、ヒト以外の動物も描く技術を持っているという事実である。

類人猿の描画能力

ゾウ、イヌ、イルカ、オットセイなどのヒト以外の動物が絵を描いたり、字を書いたりする姿を記録した動画は、ネット上でいくつも紹介されている。そのような動画の中には、ゾウの姿や、木、花などを極めて具象的、かつ色彩豊かに描くタイのゾウの描画行動が記録されていたりする。しかしこれらの動物の描画は、オペラント条件付けに基づく訓練の結果、可能になった描画行動を記録しているにすぎず、描画行動の科学的な観察研究ではないため、描くという行為の意味を考察するのには役にたたない。これに対し、類人猿で行われた描画行動の科学的な観察研究は、描画という行動の意義を考える上で極めて重要なヒントを与えてくれる。その中でも最も有名なのは、ロンドン動物園でモリス（Morris D）が行った、男の子のチンパンジー「コンゴ」に関する研究である(10)。

モリスは、米国フロリダ州の霊長類研究施設ヤーキーズ研究所で、シラー（Schiller P）が、十八歳の女性のチンパンジー「アルファ」について行った描画実験の報告をみて、自らもコンゴについて、その描画能力に関する研究を行った。アルファとコンゴの描画行動と、その描画作品については、モリスの著書に詳細に記録されている(10)。また、最近、わが国の齋藤(11,12)は、チンパンジーの描画行動に関する詳細な研究を行っている。

まず、極めて興味深いことは、アルファやコンゴは、何らの報酬なしに描いたということである。この、無報酬で絵を描くということは、彼ら以外のチンパンジーやゴリラ、さらにはカツラザルのような類人猿以外の霊長類でも観察されており、報酬を必要とするような訓練学習によって形成された描画行動とは全く異なった行動様式であることがわかる。アルファもコンゴも、描画行動の途中で餌を与えようとしてもこれに関心を示さず、描画を途中で止めさせようとすると、かんしゃくを起こして怒ったという。このことは、類人猿の描画行動は、現在ネット動画のサイトをにぎわせているような、オペラント条件付け学習のような形で獲得される行動とは全く異なった様式の行動であり、描画そのものが報酬になっているような行動様式であることを示している。すなわち、描画動作を営むための筋活動によってできてくる自ら描いた絵を見ることが、その行動の報酬となっているような、自己報酬（self-rewarding）的な行動と考えられる。その点では、マラソンや高地登山に挑んでいくアマチュア・ランナー、アマチュア・クライマーの行動様式とよく似た行動様式である。紙や、クレヨン、鉛筆といった、自然界には存在しない描画用具が与えられているという人工的な条件下ではあるが、これらの霊長類は、自らの意思を持って自発的に描画行動を実現しているのである。しかし一方、人工的な条件の一切ない野生の条件下では、チンパンジーやゴリラといった高等霊長類においても、描画行動は一切観察されていない。

類人猿に共通の描画行動は、なぐりがき（scribble）である（**図1**）。描画用具は、鉛筆、クレヨン、チョーク、木炭、絵筆、あるいは指が用いられたが、いずれの用具をもっても、画面（主として紙）上に沢山の線をなぐりがきしていく描画行動が見られた。興味深いことは、これらのなぐりがきは、全くランダムになされるのではなく、描く画面上に、絵の構図にも似た一定の構成企図をもってなされる。何も描かれていない画面では、その真ん中近くになぐりがきをするし、画面上に予め何ら

図1　コンゴのなぐりがき
（モリスD・著，小野嘉明・訳「美術の生物学－類人猿の画かき行動」法政大学出版局，1975[10)] より）

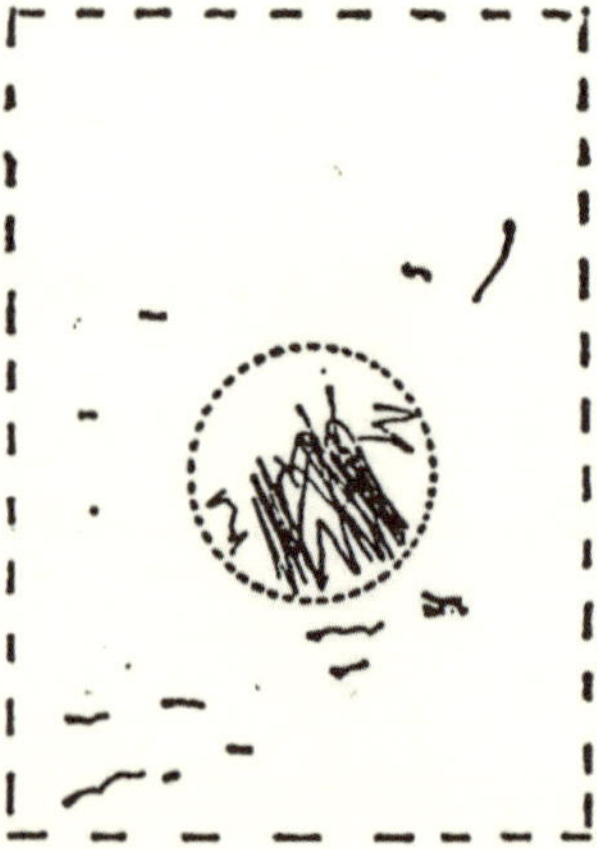

図2　アルファのなぐりがき
アルファは中心に描かれた円の中だけになぐりがきをした
（モリスD・著，小野嘉明・訳「美術の生物学－類人猿の画かき行動」法政大学出版局，1975[10)] より）

図3　コンゴの描画の到達点
（モリスD・著，小野嘉明・訳「美術の生物学－類人猿の画かき行動」法政大学出版局，1975[10)] より）

かの図形を描いておくと、その図形の上になぐりがきしたり、あるいは、その図形と対称の空間、あるいは図形の欠損部を埋めるようになぐりがきをする（**図2**）。これに加えて、コンゴは、画面の遠いところから手前に放射状に線を引き、扇形のなぐりがきをした(10)。

類人猿の描画においては、後に述べるようなヒトの幼児に見られる、なぐりがき以上の図形の描画にまで発達することはまれであるが、これはヒトに比べて行動の発達が早い類人猿では、描画技術の発達が十分に観察できるほど長期にわたって描画行動をすることが少ないことに原因があるようである。それでも、比較的長期間にわたって描画行動を続けたコンゴは、十字形、円、自由線、ジグザグ線などを描くようになった。モリスが示す、コンゴの描画行動の到達点は、閉じた円の中に複数の印が付けられた複合図形（**図3**）であり、後述のようにヒトの幼児が、ヒトの顔を描き始めるに至る前段階に出現するものとよく似た図形であった(10)。

子供は描く

筆者は、あるとき生後一歳八か月の男児Kが、所々に丸太の横断面が埋め込まれたコンクリートの床に、露地から小石を運んで、丸太の横断面の上に、これを載せていくのを観察して、大変興味を覚えた（**図4**）。この行動は、類人猿の描画行動において、予め図形を描いておくと、その上になぐ

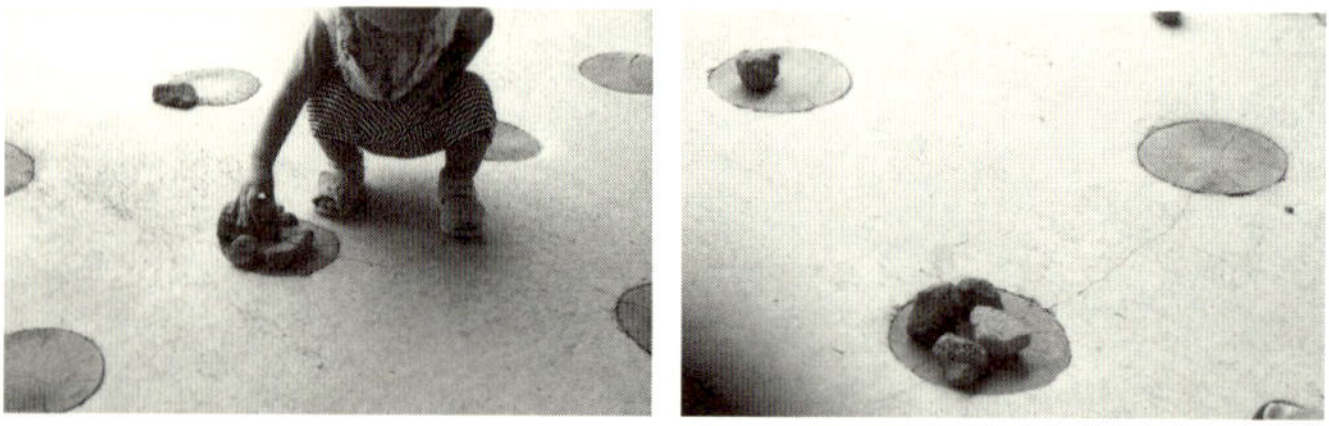

図4　1歳8か月の男児Kの造形行動
アルファの描画行動とよく似ている

りがきをする、という行動様式を思い出させたからである。そこで早速、その幼児に、クレヨンを与え、紙の上に何を描くかを観察した。すると、案の定、なぐりがきをした[13]。また、予め円や、乗り物などの図を描いておくと、その図形の上になぐりがきをすることが確認された(**図5**)。コンゴたち、類人猿の描画行動とよく似た行動である。違うところは、類人猿では、紙面をはみ出してなぐりがきをすることはほとんどなかったとされているのに対し、ヒトの幼児では、なぐりがきの線が、しばしば紙面をはみ出してしまうことである。これは、描画行動を示した類人猿は、描画行動を始めた頃のヒトの幼児に比べると、はるかに高い上肢の運動コントロールの能力を身に付けていたためであろうと考えられた。

Kの描画行動を観察していると、一歳八か月の時点で既に閉じた円を描くことができることがわかった。しかし、これらのなぐりがきや円について、何を描いたのかと問うても、明確な答えは返ってこなかった。何を描いたのかをはっきり答えることができたのは二歳九か月の時点であり、閉じた円の中と、その周囲に点や線、ジグザグ線などを描いたも

図5　1歳9か月の男児Kのなぐりがき
予め描かれた図形のうえになぐりがきをする

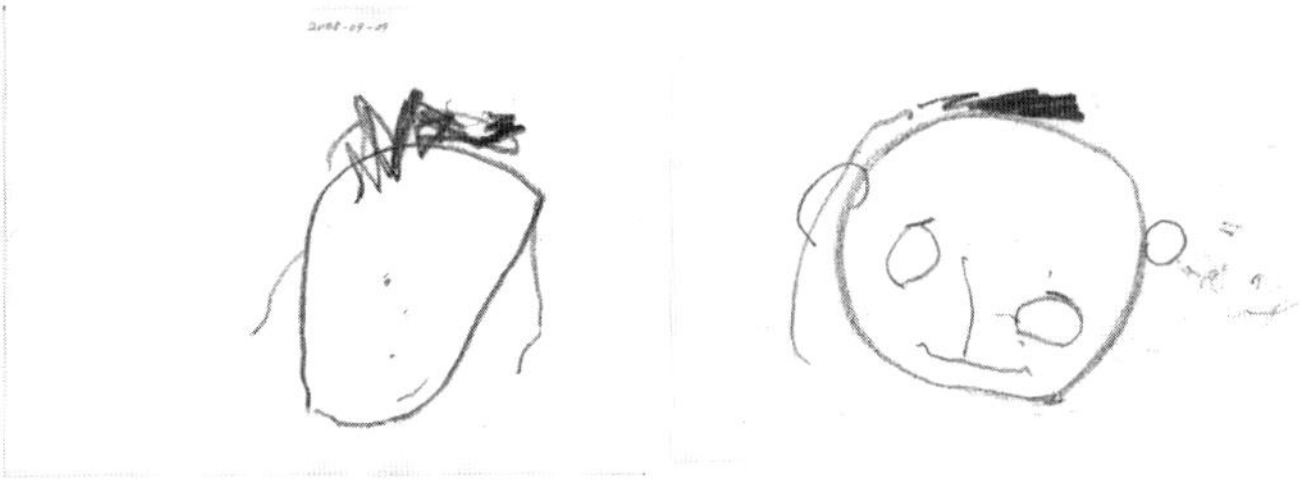

図6　男児Kの自画像
左：2歳9か月時，右：3歳3か月時

図７　１歳９か月の女児Ｍの色彩豊かななぐりがき

のを、自分の顔であると答えた（図６）。その時以来、彼は自分の描いたものに対し、それが何であるかを言葉で説明するようになった。

そこで、彼の三歳年下の妹Ｍについても、同様の観察を行ったところ、描画の発達過程はほぼ同様であり、画面をはみ出すほどのなぐりがきから始まって、そのうち螺旋や渦巻き状の曲線、ジグザグ線などを描くようになった（図７）。Ｍのほうは、二歳五か月の時に、自分の描いたものが「風船」（図８）であると述べたが、やはりそれ以降、自分が描いたものが何であるかを言葉で説明するようになった。筆者の母は、筆者が二歳五か月時に描いた、母の顔と自画像を保存しており、「よく見ると、眼、鼻、口の存在を認める。はじめてそれらしきものを描いてくれたので、記念に残す」と記録している（図９）。

これらの幼児たちに共通していることは、なぐりがきから成る描画行動を始めた時点では、何を描いたのかという

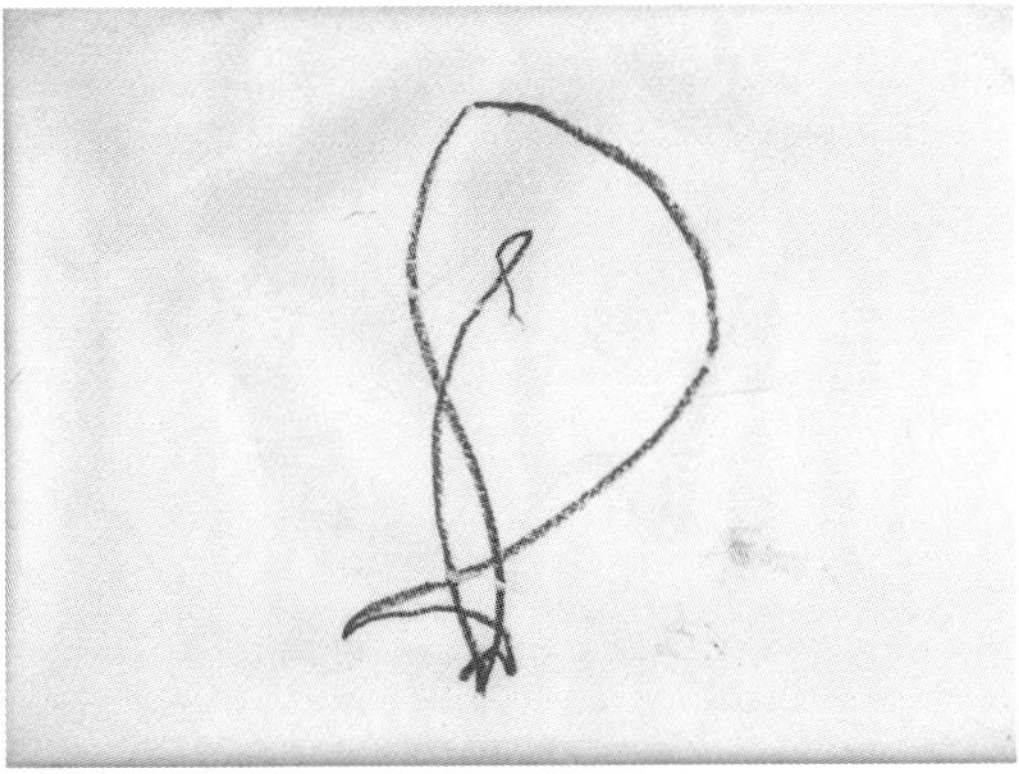

図 8　女児Mが 2 歳 5 か月時に描いた「風船」

図 9　筆者が 2 歳 5 か月時に描いた自画像（左）と母の顔（右）

図10　女児Mが３歳10か月時に描いた誕生日の様子
説明は保育士による

問いに答えることはなかったが、その後、円や螺旋、ジグザグなどの図形の描画を繰り返すうちに、突然、描く対象が何かを言葉で表現し始めたことである。それと同時に、それまでは紙面からはみ出しても平気で描いていたのが、紙面の中にきちんと収まるような描画を行うようになってきており、確かに、言葉で表現されるような描画対象のみを描こうとしているはっきりとした意図を、汲み取ることができる描画行動になってきている。しかも、彼らがこれらの描画行動を行うようになったのは、日常生活において描画対象となったものの名前を、自ら使用可能な語彙として獲得した後のことであった。もう一つ注目しておきたいのは、この段階に到達してから以後は、なぐりがきを行うことはなくなり、また描画対象を言葉で表現できないようなものを描くことがほとんどなくなっていったことである。

彼らの描画行動の観察を続けていくと、三歳半〜三歳十か月頃から、一つの画面の上に描く対象が複数になってきて、「～しているところ」というような状況を説明するような描画が出現してくることがわかる（図10）。すなわち、それまで「もの」しか描くことをしなかったのが、「こと」を描くようになってきたと考えられるが、この時期、幼児の語彙は増え、文を作ることができるようになってきている。何らかの状況を記述するためには、語彙を習得するだけではだめで、それらの語を組み合わせて一定の順番に並べ、他の補助的な語（助詞、助動詞など）を用いて、文という構造を作り上げねばならない。ヒトの幼児は、まず語彙を覚え、次いでこれらを並べて文を作るようになってくるが、幼児の描画行動における、単一の描画対象から状況画への複雑化の過程は、語の獲得から文の形成へという言語能力の発達過程と密接に関係しているように思われる。

三歳から四歳までの状況図では、平面の上に対象物を並べただけのものが多いが、四歳以上になると、次の概念的レアリズムの段階が現れてくる。概念的レアリズムとして最もよく見られるのは、外界の事物の大・小の表現と、事物の空間的位置関係の表現である。外界の事物の大きさは、自分に対する重要性の大きさに還元されるため、六歳の女児Mは、自分が大好きな囀る小鳥の仕掛け時計を、それを眺める周囲の人物より大きく描く（図11）。また、四歳四か月の男児Kは、地下を走る地下鉄と道路を走る自動車、そして空にかかる虹を描いたが、それら三者の空間的な上下の位置関係は正確である（図12）。また、Mが四歳九か月時に描いた富士山に雪が降る様子の絵（図13）では、実際の状況に接したことによって得られた知識が元になって描かれており、彼らが、四歳半から五歳程度に

図11　女児Mが6歳時に描いた大好きな小鳥の囀るオルゴール時計

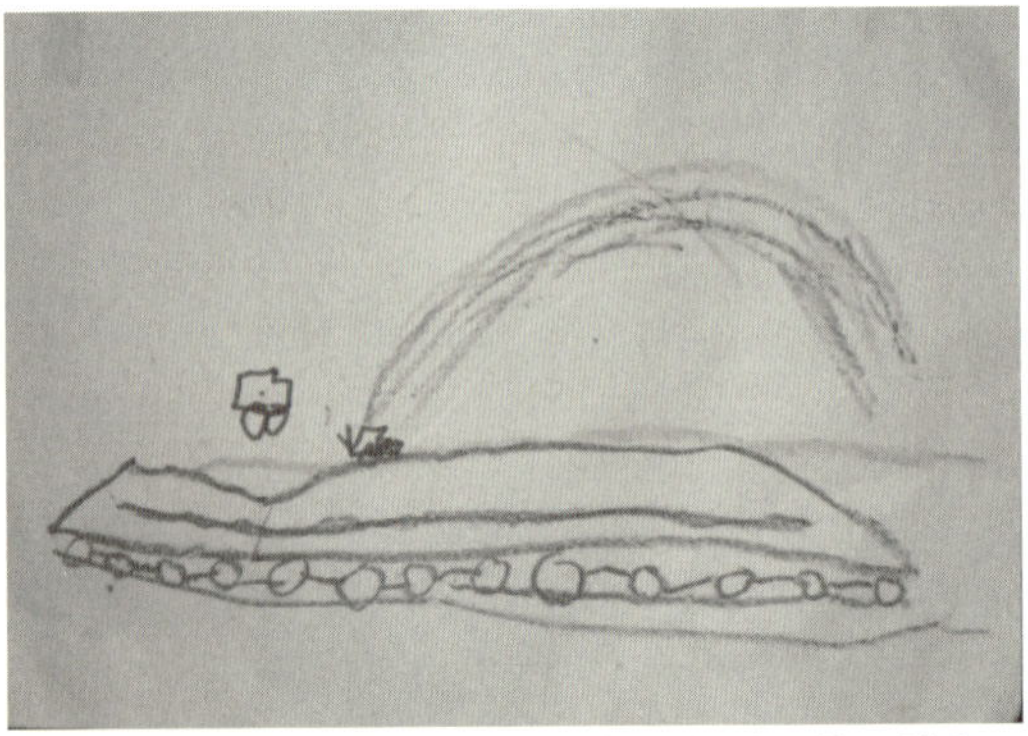

図12　男児Kが４歳４か月時に描いた地下鉄，地上の自動車，そして空の虹

図13　女児Mが４歳９か月時に描いた雪が降っている富士山

なって初めて、外界の状況を三次元的に捉えることができるようになったことを示している。それだけでなく、この頃から、Mのほうは、コラージュによる作品を好んで作るようになった（**図14**）。これも、複数の対象物の間の三次元的な空間関係を把握していることの表れではないかと思われる。しかし、これらの三次元的表現は、固定された視点から全体を見ることができる場合に限られている。すなわち、自己中心座標系（egocentric reference frame）による三次元表示である。

　これに対し、自らが移動して、次々と視点を変換していかなければならないような、広い空間を描く場合には、三次元的表現ではなく、二次元展開図的な表現になる。それが極めて明確に表現されているものとして、Mが六歳の時に描いた、よく遊びに行く公園の絵がある（**図15**）。公園内の様々な遊具の空間的配置が極めて正確にとらえられているが、特定の視点から見

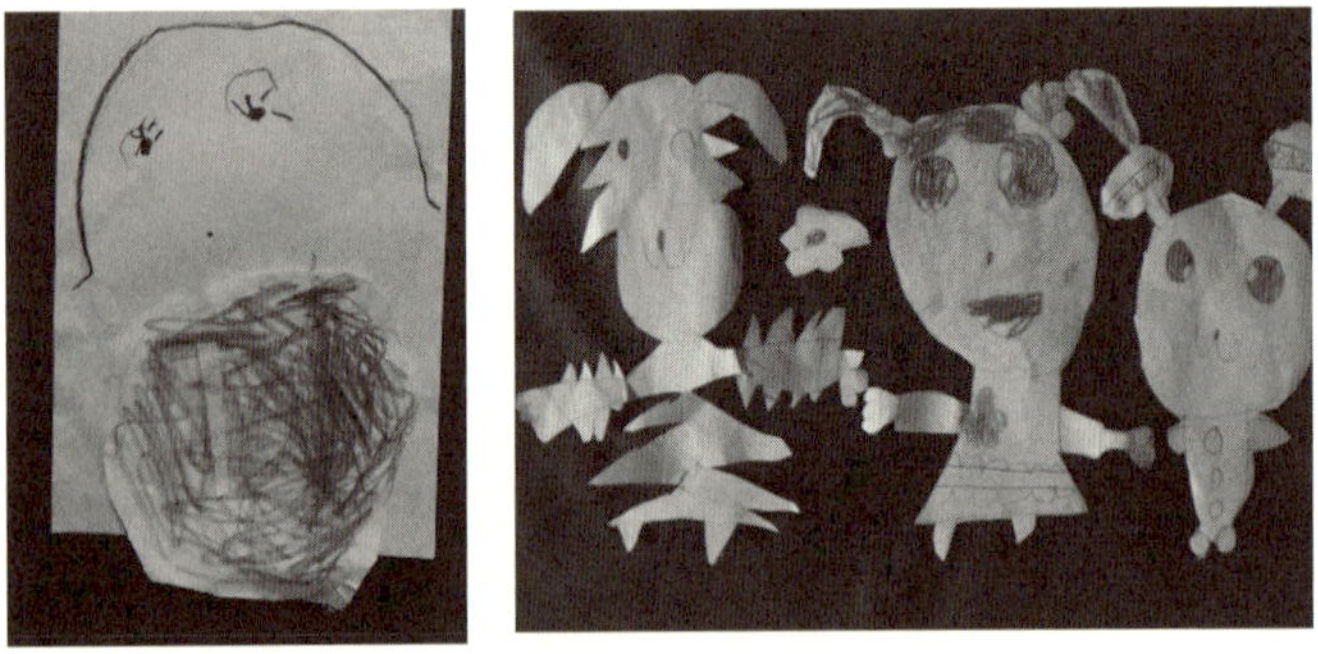

図14　女児Mのコラージュ作品
左：ハンバーガーを食べる自分（４歳３か月時）
右：大好きなキャラクターと並んだ自分（５歳10か月時）

図15　女児Mが６歳時に描いた公園
遊具の二次元的配置が正確に描かれている

た三次元的表現ではなく、二次元的な展開図として描かれている。子供は、公園のどこか特定の場所で周りの光景をじっと眺めるようなことはしない。遊具の間を二次元的に動き回って、遊具の空間的配置を知るのであり、そのような観点から見れば、このような展開図もまた、概念的レアリズムに根ざした絵ということができるであろう。これは正に環境中心座標系（allocentric reference frame）による空間表現である。これらの描画を観察していくと、六歳の子供は、自己中心座標系と環境中心座標系を自由に使い分けて、視空間を表現する方法を獲得していると言えよう。

また、そのうちに、複数の人物の居る情景図を描く時には、それぞれの人物の描き分けを行うようになる。それまでは、複数の人物は皆同じ形で描かれていたのが、四歳を過ぎるころから、異なった形によって描き分けられるようになり、六歳頃からは、髪形や服の色などによって男女を描き分けることもできるようになる。

描画行動の個体発生

幼児の描画行動の発達に関しては、ケロッグ（Kellogg R）の研究(14)がよく知られている。彼女によるヒトの描画行動の発達を**図16**に示すが、なぐりがきに始まって、図形、図形の組み合わせを経て、絵に至る描画の発達過程は、筆者の観察した幼児たちのそれと一致している。先に紹介したチンパン

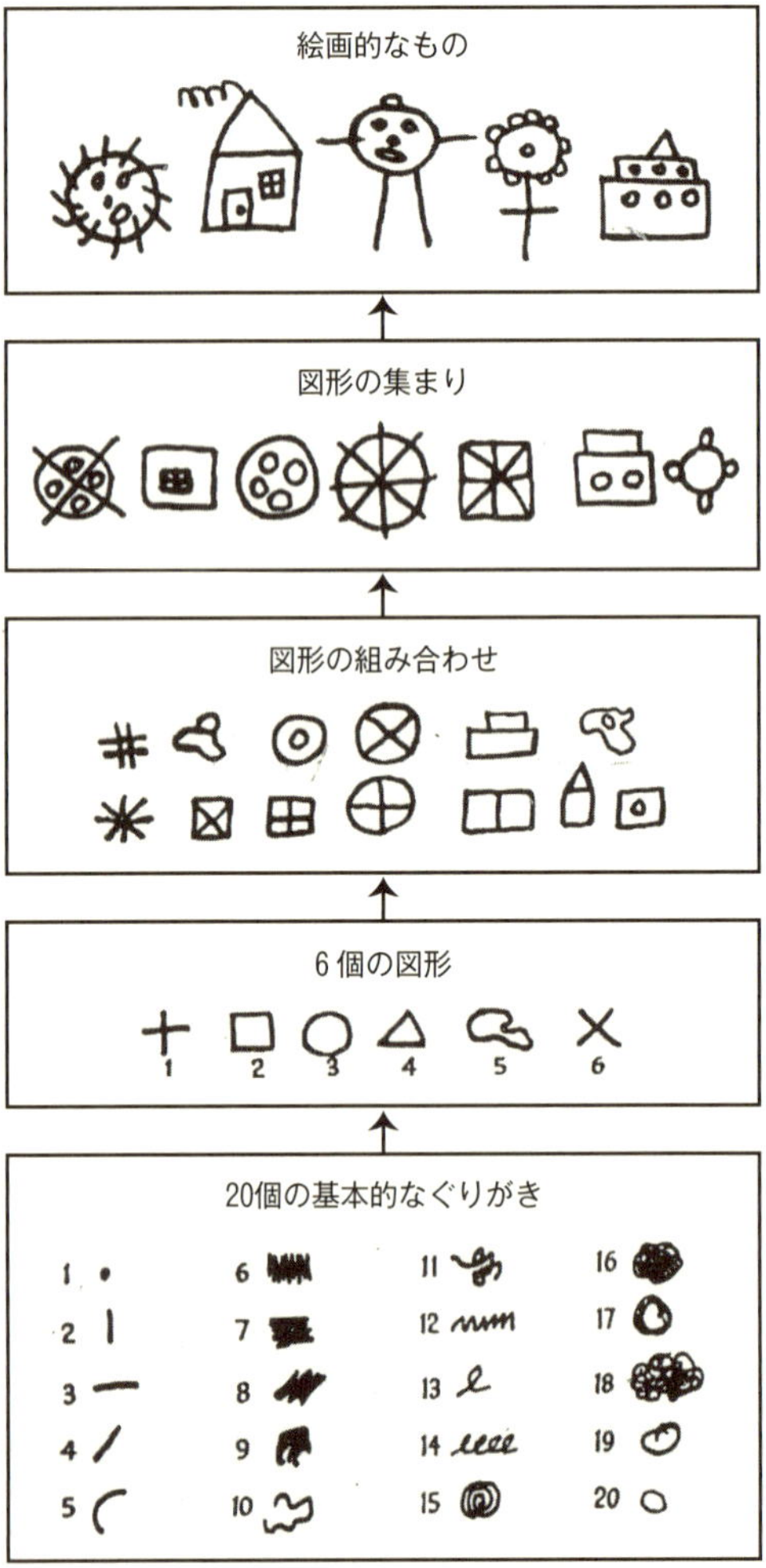

図16　ケロッグによるヒトの描画の発達段階
（モリスD・著，小野嘉明・訳「美術の生物学ー類人猿の画かき行動」法政大学出版局，1975[10]より）

ジーの描画行動の研究を行ったモリスは、チンパンジーの描画行動の発達を、ケロッグの発達過程と比べ、図形の組み合わせから、ケロッグのいうマンダラ作成にまでは達している、それ以後の絵の段階にまでは達していないと述べている(10)。

ケロッグの研究は、膨大な数の児童画作品コレクションの分析によるものであり、描かれた作品に対する詳細な検討がなされてはいるが、描いている児の言語や行動の発達との関係については、十分な考察がなされていないため、どのような知的発達段階においてどのような描画行動を行うのかは、明確にされていない。これに対し、児童の描画発達を研究したガードナー（Gardner H）は、自分の息子ジェリーの描画行動の発達を丹念に追跡している(15)。それによると、ジェリーは一歳六か月で、なぐりがきを初めているが、一歳十一か月の時に描いたなぐりがきの一部に対し、「小鳥ちゃん」と呼んだ。これに対してガードナーは、この段階で、ジェリーには、「描いたものに名前を付けることができる」という意識が生まれ始めたと述べているが、この言葉が本当の意味での描画のテーマを表すものであったかどうかはよくわからないとし、むしろ偶然に描いたものに対し、うまく当てはまるテーマをあとから付けた「でまかせ話」として理解すべきであるとした。彼は、ジェリーが二歳二か月の時に円を組み合わせたものを描き、「目」と名付けたという描画に対する命名行動も、このような「でまかせ話」の一つであるとしている。

このように、描いたものに対してあるテーマが述べられたとしても、それが「でまかせ話」とし

図17　男児Kが２歳10か月時に描いた魚（A），波（B），自動車（C）

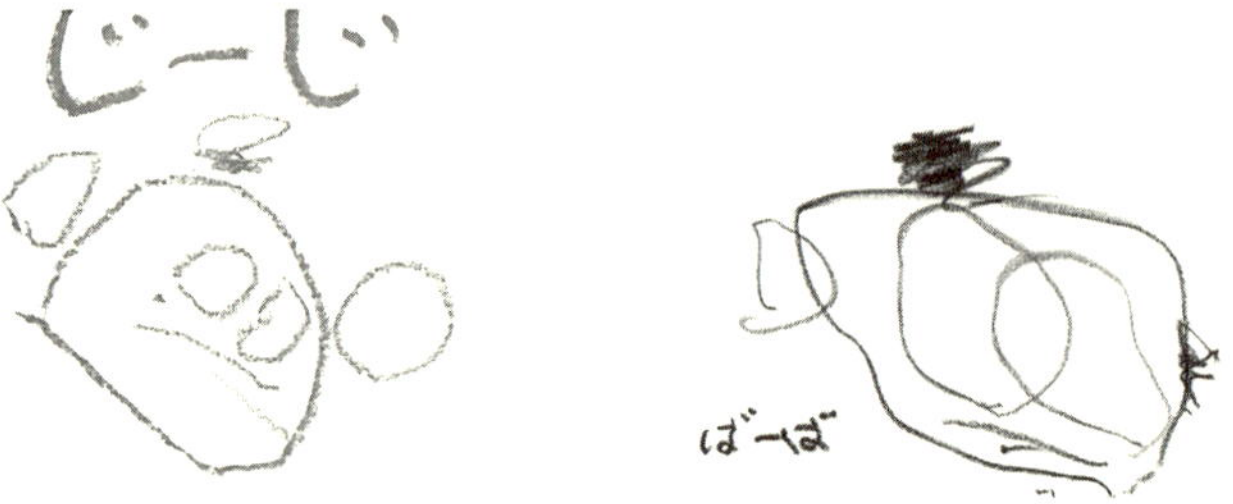

図18　男児Kが２歳10か月時に描いた祖父（左）と祖母（右）の肖像画
それぞれの誕生日に描いたもの

ての後付け的な命名行動なのか、あるいは、本当に予め特定のテーマに基づいて描くという目的をもってなされたものかという問題が残るとしても、幼児の描画行動が言語の発達、特に命名行動と密接に関係しているという、このガードナーの指摘[15]は、極めて重要である。

筆者が観察した、二歳五か月の女児の「風船」の描画においては、ガードナーの言う「でまかせ話」の要素が存在することは否定できないが、二歳九か月〜十か月の男児の、「自分の顔」、「お魚」「波」「自動車」（**図17**）などの描画における命名行動は、描く対象をはっきりと意識した、意図的な描画であるように思われる。同じ頃、この男児は、筆者と筆者の妻のそれぞれの誕生日に、それぞれの肖像画をプレゼントしてくれたが、これは明らかな目的意識をもって描かれたものであり（図18）、ガードナーの言うような「でまかせ話」としての後付け的な命名行動ではないことが明らかである。すなわち、この段階の描画行動においては、描いたものを「でまかせ話」として命名できるというレベルを越え、描こうとする対象を意図的に描くことができるレベルに達していると言える。重要なことは、この時期が、語彙の発達時期と一致していることである。

ガードナー(15)は、シューラという女の子の、二歳からの描画の発達について、詳細な記録を残している。これによると、二歳の時のなぐりがきが、図形になり、複数の図形が組み合わされて、三歳半の頃から絵を描くようになっていく経過が示されている。彼女は四歳頃から、状況を描いた絵を盛んに描くようになったが、この発達過程は筆者の観察した二人の幼児の描画発達と、ほぼ同じ経過をたどっている。ガードナーはまた、息子ジェリーが、四歳半から五歳にかけて、テレビの『バットマン』や映画『スターウォーズ』のスーパーヒーローたちを、描き分け、そしてそれらのスーパーヒーローたちが戦うシーンを、繰り返し描いた過程を記録している(15)。

このような「人物」という集合名詞を描く段階から、「個々の人物」を描き分ける段階への発達過程は、筆者の観察した幼児例でも認められた。三歳十か月の時点では、一つの画面に登場する人物は、皆同じに描かれているが、その四か月後の四歳二か月の時点では、登場人物を描き分けるようになっている。幼児が「文」という形態の発話を日常的に営むようになるのは、おおよそ三歳以降であり、また、ストーリー性のある童話に興味を示すようになるのは、五歳前後であるとされている。描画行動における発達過程を観察すると、このような言語能力の発達に伴って、幼児は状況画を描くようになったり、登場人物を描き分けるようになったりしていくように思われる。

幼児や類人猿の描画行動に関するこれらの観察結果をまとめて考察してみると、なぐりがきから、円や螺旋といった図形を描く段階への進化は、ヒトでも類人猿でも共通に生じるが、それ以後の、命名可能な対象物を描くという能力は、類人猿にはなく、ヒトのみが持っている。描いた対象物を命名（naming）するということは、語という分節単位から成る言語が存在する、ということを意味している。そのような分節構造から成る言語を持たない類人猿では、円や螺旋などといった図形を描く技術を獲得することができたとしても、命名可能な対象物を描くということは不可能である。描かれた対象が何であるのかを知ることができるような描画作品、すなわち命名可能な対象が描かれているものを「絵」と呼ぶと定義するなら、類人猿は、描画はするが絵を描くことはできないということになる。「絵」は、幼児が何を描いたのか語ることができるようになった時に、初めて成立するのである。

ここで興味深いのは、言語習得の機会を奪われたまま育った少女ジーニーに関する記録である(16)。十三歳半に至るまで父親によって監禁状態におかれ、外界との接触を一切断たれたまま生活したジーニーは、一九七〇年に発見され保護された時、全く言語能力を習得していなかった。その後、彼女は言語訓練がなされたが、言語能力が習得される以前には、自発的な描画はほとんどなかったにもかかわらず、言語能力の習得と並行して、自発的に絵を描くようになってきた。しかも、言語能力の増大と共に、自分が感じたこと、考えたこと、想像したことを、自発的に描くようになったという。ジーニーにおいても、言語能力の発達と、描画行動の発達は並行していたのである。

描画の性差

幼児の描画行動の発達を観察しているうちに気がついた興味深いことの一つに、男児と女児での描画対象の違いがあった。

二、三歳になって「もの」を描き出した段階では、対象物に明らかな傾向はないように見えたが、三歳をすぎるころから、男児は乗り物の絵を好んで描くようになり、女児のほうは人物、それも自分や母親、祖母など、あるいは家、花、あるいは鳥や動物などを好んで描くようになった。

五、六歳の小児における描画の性差についての詳細な検討を行った皆本(17)によると、女児は男児よりも、花、蝶、太陽を多く描き、男児は女児よりも、乗り物を多く描き、また人物画の頻度も女児のほうが多く、しかも女児は女性をより多く描くという。このような性差は、色遣いにおいてもみられ、女児のほうが男児よりも多彩な色遣いで描く。使用する色も、男児では、灰色や青が多いのに対し、女児は桃色や肌色を好んで使用する。また、男児と女児では、構図にも違いがあり、女児では複

図19　男児Kが５歳１か月時にレゴブロックで作成した作品

数のモチーフを横並びに一列に並べて描く傾向が強いのに対し、男児では上下の層別に重ねたり、鳥瞰図として描いたりすることが多いという(17)。

筆者自身の観察では、このような性差はなぐりがき段階では明瞭ではなく、男児Kも女児Mも、単色でなぐりがきをすることも、多彩な色を使ってなぐりがきをすることもあった。男児Kにおいては二歳九か月で、女児Mにおいては二歳五か月から始まった描画の初期のモチーフは、Kでは自画像、魚、海の波であり、Mでは、風船、しゃち、象、雨であったが、男児Kは、三歳前後から、自動車や電車といった乗り物を好んで描くようになり、女児Mは三歳半を過ぎる頃から、自分や母、祖母を描くようになった。構図における性差も、皆本の指摘するとおりであり、男児Kは、上下層別に乗り物を描き、女児Mは人物を横並びに描いた情景図を描くようになった。また、男児Kのほうは、レゴブロックで様々な乗り物を三次元的に組み立てる（**図19**）のを好んだのに対し、女児M

は、コラージュ風の平面的な作品を多く作る傾向が見られた。皆本(14)によれば、このような傾向も、一般的な性差であるという。

興味深いのは、飯島ら(18)による、先天性副腎過形成を有する女児における描画の研究である。この病態においては、男性ホルモンのアンドロジェンが過剰分泌されるため、女児であっても行動的に男児のように振るまうが、飯島らによれば、その描画も男児的な特徴を示すようになるという。

絵とは何か?

以上に述べてきたように、描画という行動は、ヒト以外の動物でも存在し、類人猿では、画材さえあればそれが報酬なしの自発行動として生じることが明らかとなったが、彼らの描くものは絵と言えるのだろうかという点が問題となる。この問いに答える実験が、京都大学野生動物研究センターの齋藤ら(11、12)によってなされている。彼女が行った実験は、眼の描いていないチンパンジーの顔の線描を用意し、これを完成させる課題である。チンパンジーの場合は、欠けている眼を描き入れることは全くなく線描の輪郭をなぞって描く行動が見られたのに対し、ヒトの幼児は二歳六か月になると、「おめめ、ない」と言って眼を描き入れる補完現象が見られた(**図20**)。このことは、ヒトの幼児は、描かれているものをチンパンジーの顔の表象であると認識し、その不完全性を補完しようとしている

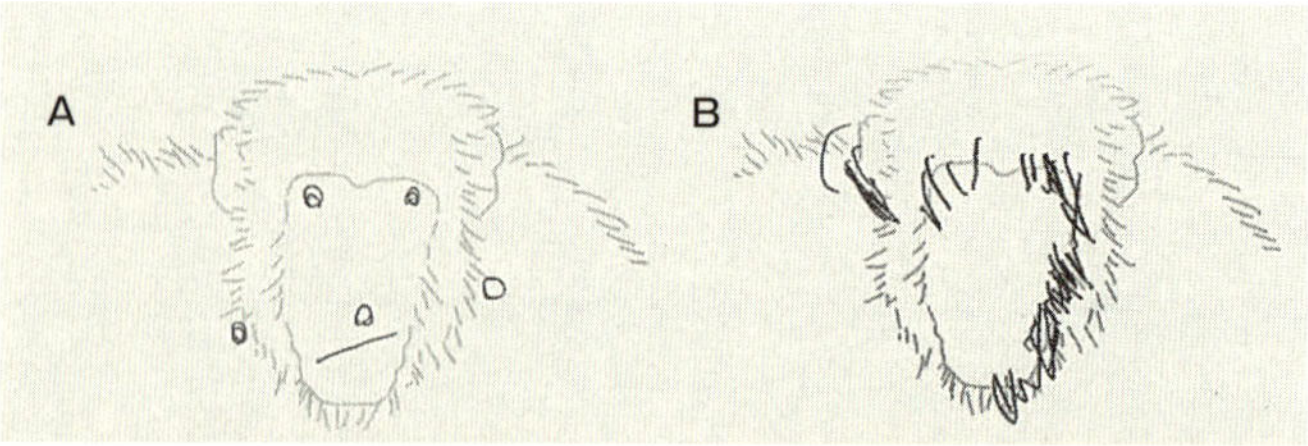

図20　眼が描かれていないチンパンジーの顔の線描に対する補完行動
A：2歳6か月のヒトの幼児，B：チンパンジー
（齋藤亜矢「脳とアート―感覚と表現の脳科学」医学書院，2012[11)]より）

のに対し、チンパンジーでは、これを、チンパンジーの顔の表象であるとは認識していないことを示している。言い換えるなら、ヒトの幼児は、眼の描いていないチンパンジーの顔の線描を、現実社会に存在するチンパンジーの表象であると認識するが故に、これを未完成の絵であると判断するのに対し、チンパンジーでは、眼の描いていないチンパンジーの顔の線描は、なぐりがきされた線の集合体としての意味しかなく、これが現実世界のチンパンジーの顔の表象であるという認識は、全くないということになる。すなわち、そこに描かれているものが、現実世界の事物の表象と認識できるかどうかという点において、ヒトと類人猿の間には大きなギャップがある。ヒトの幼児においては、眼の描いていないチンパンジーの顔の線描は未完成の絵であるのに対し、チンパンジーにおいては、これが絵であるとの認識は、全くないということになる。

このことから、筆者は、われわれ現存のヒト、すなわちホモ サピエンスを、「Homo pictor（描くヒト）＝ホモ ピクトル」と呼ぶことを提唱した(19-21)。ホモ サピエンスとは、「賢い（知恵のある）

ヒト」を意味する現存のヒトの学名であるが、今日までのヒトの進化史をみると、地球という生息環境を破壊し、他の生物を駆逐しつくしながら、自らは数のみ増加してきた存在であることが明らかである。これを思えば、われわれは、決して自らを「賢いヒト」などと名乗ることはできない。それよりも、われわれに特有の能力を客観的に示す名で呼ばれるべきであろうという考えから、筆者が提唱したのが、「ホモ ピクトル」という名前である。描かれたものが何を表象しているのかを知る能力を持ったのは、少なくとも現生動物においては、われわれだけであるということは、疑いもない事実なのである。現存の動物の中では、ヒトのみが、現実世界の事物の表象としての「絵」を描くことができると言ってよい。そこで問題となるのは、このような「絵」を描くという能力を、今は死に絶えてしまったネアンデルタール人たちも持っていたかどうかということである。その問に答えるためには、洞窟画について、今一度詳細な検討を加える必要があろう。

洞窟画はなぜ描かれたのか

洞窟画に描かれているものには、大きく分けて二種類のものがある。一つは、動物の姿のような具象画であり、もう一方は、具象性の乏しい線や点、円盤状の印、幾何学的な図形や、手形のステンシルといった、今日のわれわれから見れば、単なる模様、あるいは目印に過ぎないようなものであ

図21　エル・カスティーヨ洞窟に描かれた赤い円盤
パイクらが年代測定を行ったものとは異なる
（セサル・ゴンサーレス・サインスほか・著，吉川敦子・訳「スペイン北部の旧石器洞窟壁画 概説篇」テクネ，2013[9]より）

る(8)。

ラスコー、アルタミラをはじめとし、今日よく知られている絵画洞窟は、主としてそこに描かれている具象画によってよく知られており、二十世紀末に見出されたショーヴェ洞窟画が一躍有名になったのも、単にそれがそれまでに見出されていたどの洞窟画よりも古いものであるというだけでなく、そこに描かれていた数多くの動物の姿が、リアリズム絵画としての完成度の高いものであったからである。

これらの具象画が、あまりにも有名になってしまったため、単なる線、手形やそのステンシル、円盤状の印、幾何学的図形などの具象性に乏しい図象は、あまり注目されてこなかった。しかし、本章の冒頭にて述べたように、四万八百年以上前に描かれたエル・カスティーヨ洞窟の赤い円盤（図21）や、三万五千六百年前に描かれたアルタミラ洞窟の棍棒状の印など、パイクら(1)によって今回、極めて古い時代に描かれたことが確かめられたものには、非具象的図象が多いことは、注目すべきではないかと思われる。ショーヴェ洞窟においても、赤い円盤の集合や棍棒状の印が描かれているし、エル・カスティーヨ洞窟には、屋根型図形とよばれる長方形の中に仕切りを入れたような幾何学模様と円盤の集合体から成るものが描かれた場所がある。

このような非具象的図象と、極めてリアルに描かれた動物の具象画には、描かれた時期に年代的な差があるのかどうかということは、極めて興味深い問題であるが、今日までのところでは、あまりよく判っていない。

スペイン北西部カンタブリア地方の洞窟画を調べたゴンサーレス・サインス（González Sainz C）ら(9)によると、この地域の洞窟画においては、二万八千年から二万二千年前のグラヴェット文化期までに描かれたものには、赤い円盤、線、手形のステンシルなどが多く、その後のソリュートレ文化期（二万二千年から一万七千年前）になると、動物の具象画が現れてくるという。しかし、南仏のショーヴェ洞窟に描かれた具象画(3、4)は、三万三千年ほど前のオーリニャック文化期に描かれたと考えられているので、洞窟に描かれた図象を、単純な時系列として並べていくことには無理がある。

先に述べたように、パイクら(1)は、四万八百年前に描かれたエル・カスティーヨ洞窟の赤い円盤は、旧人の手によるものの可能性があると述べている。しかし、先述のごとく、この時期は丁度旧人が絶滅するに至った時期にあたっていることが判明してきたので、年代測定の結果からだけでは、これらの赤い円盤の描き手を同定することはできない。また、もし赤い円盤の描き手が旧人であったとするなら、それまでの極めて長い時間の中で全く描画ということをしなかった彼らが、何故自らが絶滅の危機を迎えるような段階に至って、このような描画行動を始めるに至ったのかということが、極めて不思議に思われる。

一方、ショーヴェ洞窟、ラスコー洞窟、あるいはアルタミラ洞窟などにおいて動物の具象画を描いたのは、新人たちであったと考えられている。興味深いことに、これらの具象画の描かれている洞窟には、単純な印や線などの図象もまた描かれていることが少なくない。しかも、これらの洞窟は、数千年以上の長期間にわたって、数多くの描き手が出入りし、様々なものを描いてきたということが判明している。

カンタブリア地方の洞窟画の記録に取り組んできた深沢は、『カンタブリアLGM（Last Glacial Maximum）』というSF仕立ての電子書籍(22)を出しているが、ここでは、洞窟に描かれた手形のステンシルや円盤、線などが、洞窟内の道標や縄張りの目印として描かれていることが語られている。筆者も、かつて洞窟画が描かれた理由は、その空間の占有権（筆者はこれをトポスの権利と呼んだ）の主張、すなわち縄張りの表明ではないかと述べたが(18,19)、ネアンデルタール人たちが、このような理由によって赤い円盤のような図象を洞窟に描いた可能性は十分にあると言えよう。しかし、これを「絵」と呼ぶことは適切とは思えない。これらは標識としての役割を果たすための図象であり、現実世界の事物の表象としての「絵」とは異なったものだからである。

前章において、ネアンデルタール人には話し言葉の能力があったと考えられることを述べたが、彼らの言語能力は、メッセージの受け手に対して、何らかの行動をとらせるための操作的言語に限られており、われわれが持つような指示的言語、すなわちメッセージの受け手に対して、何かを考えさせたり、何かを感じさせたりするような言語活動を行うことはできなかったと考えられる(23、24)。このことを考慮するなら、操作的言語と同じく、それを見る者に対して一定の行動を起こさせるための標識としての図象を描くことは、ネアンデルタール人にも、十分に可能であったと思われる。すなわち、描かれた年代が何時であったかを問わず、エル・カスティーヨ洞窟の赤い円盤の描き手が、ネアンデルタール人であったことを否定する理由はないと言える。

ルロワ＝グーラン(25)は、ネアンデルタール人たちは、腹足類の螺旋状の殻や、球状サンゴのようなポリープ群体などの化石を住居跡に残していることや、極めて対称的な形の石器を作ったりしたことから、形象に対する高い認知能力を持っていたことを指摘しているが(23)、これらの形象を模倣するような造形作品を残してはいない。先に述べた幼児の描画行動の発達からもわかるように、現実世界の事物の表象としての「絵」を描くためには、語という分節構造を持った言語を操る能力がなければならない。この能力を持つに至ったのは、われわれホモ サピエンスのみである(23、24)。したがって、ネアンデルタール人は、形象を認知する能力を持ち、また描くという技術も十分に持っていた可能性はあるものの、真の意味での「絵」を描くという造形能力はなかったと考えられる。その意味では、「ホモ ピクトル」と名乗ることができるのは、われわれ、現存のヒト、すなわちホモ サピエンスのみであると言ってよいと思われる。

ホモ サピエンスの具象画が洞窟に描かれた理由も、やはりトポスの権利、すなわち縄張りの主張(20、21)であったかと思われるが、興味深いのは、これらの具象画の描かれている洞窟では、非具象的図象もしばしば共存していることである。

先述のように、これらの絵画洞窟の多くは、数千年以上の長い期間にわたって、異なる世代の人々が入れ代わり立ち代わり描いてきたものであることが判ってきているが、そうだとすると、その場所のトポスの権利を主張した居住者たちも、長い時間の経過する中で、世代交代を繰り返してきたと思われる。そのような中では、文字通りの新人としてのりこんできたホモ ピクトルが、先住者であったネアンデルタール人の縄張りであった洞窟を、奪い取るようなこともあったかもしれない。そのような時、具象性のない標識しか描くことのできなかったネアンデルタール人たちに対し、具象画を描くことによってその能力差を見せつけることが、縄張り奪取の一つの実効手段であった可能性もあるのではないだろうか。

このような具象画の描画能力の差によるトポスの権利の奪い合いは、新人とネアンデルタール人の間だけでなく、新人の異なる群れの間でも生じたであろう。ネアンデルタール人との間であれば、単に具象画を描く能力を見せつけるだけで十分であったトポスの権利の主張も、新人同士のグループ間で生じる縄張り争いにおいては、そう簡単にはいかなくなる。筆者は、このような場合には、トポスの権利の主張根拠となる「絵」の量と質が、大きな役割を果たしたのではないかと考えている。

洞窟画の描画対象

ショーヴェ、ラスコー、アルタミラなどの洞窟に描かれた動物の大半は、野牛、大鹿、馴鹿、バイソン、マンモス、熊、馬、犀、ライオン、山羊といった大型動物である(4)。何故こういった大型動物が描かれたのか、ということに対しては、様々な説明がなされてきた。

その一つは、狩りの獲物としての動物を描くことによって、狩りの成功を祈ったというものであるが、犀やライオンのように、必ずしも狩りの対象ではなかったと思われるものも描かれていること、またもっと容易に狩ることのできたウサギなどは、滅多に描かれていないことなどから、この説明は受け入れがたい。また、洞窟画を描いていた人々の食べ物として重要だったのは、なにも狩りの獲物ばかりではなかった。魚介類や野生の木の実なども、重要な食糧源であったと思われるが、そのようなものがほとんど描かれていないということも、食の安定を祈願するような目的で描かれたのではないということを意味している(26)。

第二の説は、これらの大型動物の姿を、身体的、あるいは精神的な力の表象とみなした者たちが、描かれた動物たちのような身体・精神能力を得るための願いをこめて描いたという説である。これには、ある程度納得できる部分もないではないが、そうであったとするなら、これらの動物をかくもリアルに描くことはなかったのではないかと思われる。ずっと後の世のメソポタミアやエジプトで神を描くようになった時、ホモ ピクトルは、神をリアルな姿で描くことをせず、むしろシンボリックな図象として描いたのであり、リアルな姿は対象の神性を否定することになりかねない。

筆者は近寄りがたい大型動物の姿をリアルに描くことは、描き手の勇気を誇示するためのものであり、それによってその洞窟の占有権を主張したのではないか、と考えている。洞窟画に描かれたこれらの大型動物は、ほとんどの場合、描き手が真横から見た姿で描かれている。描き手は、これらの動物に気付かれないよう、草原に身をかがめ、這うようにして横から近づき、じっと動物を観察したものと考えられる。万が一動物に気付かれたりすれば、描き手は襲われて命を落としてしまう可能性があるため、このようにして動物を観察するということは、勇気のいる危険な作業であったに違いない。そのようにリスクの高い作業を敢えて行い、しかも動物のリアルな姿をしっかりと記憶に留めるだけの長い時間観察をしたという証を絵画として残すことは、自らの勇気を他者に対して示す効果があったのではなかろうか。

図22　ショーヴェ洞窟に描かれた正面向きのバイソン
（Chauvet J-M, et al. Dawn of Art: The Chauvet Cave. The Oldest Known Paintings in the World. Harry N. Abrams1996[4] より）

ショーヴェ洞窟には、正面から見たバイソンの顔が描かれた絵がいくつかあり、そのうちの一つは、斜めに描かれた胴体がついているため、バイソンが突進してくるかのように見える（**図22**）(3)。このようにして突進してくるバイソンを観察した描き手が生還したとすれば、そのこと自体が、誇らしい出来事であっただろう。これが自らの体験した出来事であったということを、絵を通じて示すことができた描き手は、他の人々の尊敬を集める存在になったのではないだろうか。そうだとすれば、これを描いた人物と彼の一族が、この場所の占有権を主張したとしても、異論をはさむ者はなかっただろう。近寄りがたい巨大な動物の姿をリアルに表現した絵画は、その描かれた場所の占有権を主張するにふさわしい勇気の証ではなかったかと、筆者は思うのである。旧石器時代の人々は、一族の中の勇気ある優れた描き手を選んで、彼らにとっての大切な場所のトポスの権利を主張すべく、洞窟画を描かせたのではなかっただろうか。ホモ ピクトルのみが持つ真の意味での描画能力は、群れを作って生活していくための最も有効な手段の一つとして、発達してきたのではないかと考えられるのである。

モビールアートの誕生

以上に述べてきたように、ホモ ピクトルの本質は洞窟画を通して知ることができるが、洞窟画のみがその造形行動のすべてだったわけではない。洞窟画を描き出したのと同じ頃から、いやひょっとすると洞窟画を描き出すずっと以前から、ヒトは造形行動を行っていた。それらの多くは、持ち運びのできる造形品、すなわちモビールアート（動産芸術）だった。それらの中で最もよく知られている作品の一つは、ドイツ・チュービンゲンのホーレンシュタイン－シュターデル（Hohlenstein-Stadel）で発掘された、マンモスの象牙で作られた、ライオンマン（Löwenmensch）と呼ばれるヒト形のライオン像（**図23**）であろう(4、24)。

三万四千～二万六千年前のオーリニャック文化期に作られたとされる、この高さ二八センチメートルほどの小像は、ヒトと動物が交流し合う超自然的世界のシンボル、あるいはシャーマンないしは精霊のような一種の神性を形どったものと考えられるが(25)、その見事な造形技術には驚かされる。こ

図23　ライオンマン
（Clottes J. Cave Art. Phaidon, 2008[5] より）

のような、ヒトの特徴とライオンの特徴を併せ持つ形態を作り出せたということは、この作品の製作者は、ヒトや動物の形態を全体として把握していたというだけでなく、ヒトや動物の体が、頭、胴体、体肢といった部分の集合体として成り立っていることを、完全に理解していたということであり、これらの部分を表わす語が存在したことを意味している。ネアンデルタール人も、ヒトを意味する時と、ライオンを意味する時とでは、異なった言葉を用いていた可能性があるが、ライオンの頭とヒトの頭とを、同じ「頭」という語で表現することは、とてもできなかったろうと思われる。一定の形態に対する呼び名がなければ、このような像は作れない。そのように考えると、この小像を作成したのは、新人、すなわちホモ ピクトルであったに違いないということができる。

図24　モラヴィアで発見されたヴィーナス像
（Clottes J. Cave Art. Phaidon, 2008[5] より）

チュービンゲン地方の遺跡からは、この他にもマンモスの象牙で作られた、長さ一〇センチメートル未満の動物や鳥の小像が発見されている。これらの小像も、恐らく単なる造形作品というわけではなく、シャマニズムに関係するような何らかの祈りの儀式に使われたものか、あるいは身を守る護符のようなものではなかったかと思われる(27)。

ホモピクトルたちが作成した小像には、もう一つ、ヴィーナス像と呼ばれる、豊満な身体の女性像がよく知られている。中でも、モラヴィアで発見された、二万七千〜二万四千年前に作られた、高さ一一センチメートルほどの粘土製のヴィーナス像（**図24**）や、ロシアのドン川沿いにあるコステンキ（**Kostenki**）で発見された、高さ一一センチメートルほどのマンモスの象牙製のヴィーナス像などがよく知られている。これらのヴィーナス像は、いずれも、垂れさがった大きな乳房、膨れ上がった腹部、そして大きな臀部が共通しており、豊穣や多産を祈るための像、あるいは護符と考えられてきた。これと同様の意図の下に製作されたと思われるヴィーナス像は、モビールアート動産芸術品としてだけでなく、不動産芸術作品としても、しばしば作成されたようであり、ローセル（Laussel）というグラヴェット文化期の住居跡には、これらの特徴を有するレリーフが、岩壁に刻まれている。このレリーフは、ローセルの「角笛を持つヴィーナス」としてよく知られており、最近、わが国でも公開になった。このようなヴィーナス像も、全てホモ ピクトルの製作品であることが明らかである。

ここで問題になるのは、一九八一年に、イスラエルのゴラン高原で発見された、ベレカットラム（Berekhat Ram）のヴィーナスと呼ばれるものである(28, 29)。これは赤い凝灰岩でできた高さ三・五センチメートルのもので、一見、頭と首、乳房、上肢などの部分に分かれているように見えるため、ヴィーナス像と呼ばれたが、これは二十三万年前の、ホモ エレクトゥスの時代の灰の層から発見されたものであり、彼らの使用していた原始的なアシュール様式の石器で、意図的にこの像を作ったとするには、無理があるように思われることから、これは造形作品ではないとされている。

前述の、シャマニズムの儀式や祈りの用具、あるいは護符としての役割を備えた二種類の動産芸術作品に対し、それらの用途を離れた純粋に装飾的な造形作品もある。そのようなものとしてよく知られているのは、投げ槍器や、楽器などといった道具に刻まれた装飾風の線刻である。これらの装飾造

図25　ブラッサンプーイの「頭巾のレディー」
（Clottes J. Cave Art. Phaidon, 2008[5] より）

形は、その道具の使用目的と直接の関係があったようには思われない。このことから考えると、このような道具の装飾にこそ、それが作成された当時の製作者の美意識が表現されているのではないかと思われる。そんな中で、筆者が長年注目しているのが、ブラッサンプーイ（Brassempouy）の「頭巾のレディー」と呼ばれる象牙製の夫人の頭部である（**図25**）(4)。高さわずかに三・六五センチメートルというこの小像は、グラヴェット文化期のものと考えられている。首から上のみの像であり、胴体や体肢は失われてしまっているため、この像がヴィーナス像の頭部であった可能性も否定はできないが、その優美な首のつくりを見ていると、とてもこの下に豊満な乳房と膨れた腹、そして巨大な臀部がついていたとは思い難い。筆者の主観的な解釈を許していただくなら、これは一人の女性のリアリスティックな表現を目指した作品であり、今日流に言えば、肖像画の類に属する造形作品ではなかったかと思われるのである。これらの装飾造形作品は、洞窟画ほどの迫力には欠けるものの、ホモ ピクトルの造形行動の本質が、美の表現であったということを示す有力な証拠であると思われる。エル・カスティーヨに描かれた赤い円盤がネアンデルタール人の描いたものだったとしても、彼らの描画行動が美の追求であったとは考えられないが、間違いなくホモ ピクトルが作ったと思われるブラッサンプーイの「頭巾のレディー」の作成者には、美の追求という目的があったことを疑うものはないのではないかと思う。すなわち、ホモ ピクトルの誕生とともに、長い生物進化史のなかで、「美」という概念が初めて生まれたと言えるのではないだろうか。

第三章　文献

（1） Pike AWG, et al. U–series dating of Paleolithic art in 11 caves in Spain. Science 336: 1409–1413（2012）

（2） Hellstrom J. Absolute dating of cave art. Sience 336: 1387–1388（2012）

（3） Higham T, et al. The timing and spatio–temporal patterning of Neanderthal Disappearance. Nature 512: 306–309（2014）

（4） Chauvet J–M, Deschamps EB, Hillaire C. Dawn of Art: The Chauvet Cave. The Oldest Known Paintings in the World. Harry N.Abrams, London（1996）

（5）Clottes J. Cave Art. Phaidon, New York（2008）
（6）ジョハンソン・DC、ジョハンソン・LC、エドガー・B（著）、馬場悠男（訳）『人類の祖先を求めて』（別冊日経サイエンス117）、日経サイエンス社、東京（一九九六年）
（7）Oppenheimer S. Out of Eden: the Peopling of the World. Constable & Robinson, London（2003）／仲村明子（訳）『人類の足跡 10万年全史』草思社、東京（二〇〇七年）
（8）タッターソル・I（著）、高山博（訳）『最後のネアンデルタール』（別冊日経サイエンス127）、日経サイエンス社、東京（一九九九年）
（9）セサル・ゴンサーレス・サインス、ロベルト・カチョ・トカ（著）／吉川敦子（訳）、関雄二（監訳）、深沢武雄（編）『スペイン北部の旧石器洞窟壁画　概説篇』テクネ、東京（二〇一三年）
※この書物に述べられている洞窟画の三次元画像を、TEXNAI Color Code 3-D Gallery「スペイン北部の旧石器洞窟壁画」で見ることが出来る
http://www.texnai.co.jp/jap/3Dgallery/cc3d/paleoart/paleoart_index.html
（10）Morris D. The Biology of Art. Methuen, London（1962）／小野嘉明（訳）『美術の生物学―類人猿の画かき行動』法政大学出版局、東京（一九七五年）
（11）齋藤亜矢「描く脳―描画の追求」〈脳とソシアル〉『脳とアート―感覚と表現の脳科学』（岩田誠、河村満・編）、医学書院、東京、一二五－一三六頁（二〇一二年）
（12）齋藤亜矢『ヒトはなぜ絵を描くのか―芸術認知科学への招待』（岩波科学ライブラリー221）、岩波書店、東京（二〇一四年）
（13）岩田誠「序論―脳からみたヒトの発達」〈脳とソシアル〉『発達と脳―コミュニケーション・

スキルの獲得過程』（岩田誠、河村満・編）、医学書院、東京、一－一五頁（二〇一〇年）

（14）Kellogg R.Analyzing Children's Art. National Press Book, California（1969）／深田尚彦（訳）『児童画の発達過程―なぐり描きからピクチュアへ』黎明書房、名古屋（一九九八年）

（15）Gardner H. Artful Scribbles: The Significance of Children's Drawings. Basic Books, New York（1980）／星三和子（訳）『子どもの描画―なぐり描きから芸術まで』誠信書房、東京（一九九六年）

（16）Curtis S. Genie: A Psycholinguistic Study of a Modern-Day "Wild Child". Academic Press, Cambridge（1977）／久保田競、藤永安生（訳）『ことばを知らなかった少女ジーニー―精神言語学研究の記録』築地書館、東京（一九九二年）

（17）皆本二三江『絵が語る男女の性差―幼児画から源氏物語絵巻まで』東京書籍、東京（一九八六年）

（18）Iijima M, et al.Sex differences in children's free drawings: A study on girls with congenital adrenal hyperplasia. Hormones and Behavior 40: 99-104（2001）

（19）岩田誠『見る脳・描く脳―絵画のニューロサイエンス』東京大学出版会、東京、一－一九〇頁（一九九七年）

（20）岩田誠、中原佑介「〈対談 ヒトはなぜ絵を描くのか?〉第10回　脳は絵をどう描くか」草月、二三八号、三九－四五頁（一九九八年）

（21）岩田誠、中原祐介「脳は絵をどう描くか」『ヒトはなぜ絵を描くのか』（中原祐介・編）、フィルムアート社、東京、一三七－一四七頁（二〇〇一年）

（22）深沢武雄「カンタブリアＬＧＭ　第一部　赤毛の一族」http://www.muse.or.jp/cantabria/cantabriaLGM.html

(23) Mithen S.The Prehistory of the Mind:The Cognitive Origins of Art and Science. Thames & Hudson, London（1996）
(24) Mithen S.The Singing Neanderthals:The Origine of Music, Language, Mind and Body. Harvard Univ Press, Cambridge（2006）
(25) Leroi-Gourhan A. Le Geste et la Parole. Edition Albin Michel, Paris（1964,1965）／荒木亨（訳）『身ぶりと言葉』（ちくま学芸文庫）、筑摩書房、東京（二〇一二年）
(26) 横山裕之『芸術の起源を探る』（朝日選書４４１）、朝日新聞社、東京（一九九二年）
(27) Lewis-Williams D.The Mind in the Cave. Thames & Hudson, London（2002）／港千尋（訳）『洞窟のなかの心』講談社、東京（二〇一二年）
(28) Goren-Inbar N. The lithic assemblages of Berekhat Ram Acheulian site, Golan Heights. Paléorient 11: 7-28（1985）（Wikipédia: Venus de Berekhat Ram）
(29) Barham LS. Art in human evolution. In:New Perspectives on Prehistoric Art（ed by Berghaus G）Praeger, Westport Conneticut（2004）, pp105-130.

第四章　ホモ ピクトル ムジカーリス

Homo Pictor musicalis

絵画洞窟の音響調査

一九八八年、フランスから、洞窟画の成立に関する全く新しい見解が提唱された(1)。それは、絵画の描かれた洞窟における音響調査の報告である。

絵画洞窟についてはこれまでにも、描かれた場所は描いた人々の生活の場ではないことが明らかにされていた。絵画洞窟そのものに生活の跡が全く残っていなかったり、生活の痕跡が見つかったとしても、それは洞窟の入口近くだけであり、絵画はそれよりずっと奥の、光の差し込まない場所に描かれていた。すなわち、洞窟画の描き手たちは、生活の場において、暇なときに絵を描いたり、生活の場を装飾しようとして描いたとは考えられないのである。日常生活とは無関係な空間、すなわち非日常的な空間に、松明やランプの明かりをたよりに、描くという目的のために、積極的に入っていったと考えられるのである。それでは、何故そのような行為を行ったかという問に対する答えの一つを探る試みの一つが、この音響調査だった。

レズニコフ(Reznikoff I)とドーヴォア(Dauvois M)は、一九八三年から八五年にかけ、南仏のアリエージュ(Ariège)県にある、ニオー(Niaux)洞窟、フォンタネ(Fontanet)洞窟、ル・ポルテル(le Portel)洞窟の三つの絵画洞窟において音響調査を行った(1、2)。フォンタネ洞窟は、元々の入口が閉ざされてしまっているため、有意義な結果は得られなかったが、ル・ポルテル洞窟と、ニオー洞窟で、極めて興味深い調査結果を得た。それは、絵が描かれている場所は、大体が音響効果が良く反響の多い場所であり、また音響効果の良い場所のほとんどには、絵が描かれていたり、あるいは何らかの印付けがなされていたりする、ということである。それだけでなく、彼らによれば、音響が良い場所であることを示す印としか考えられないような印付けがされているところもあるという(1、2)。また、G_3からCの音域に対して、特に音響効果の良い場所が多かった。これらの印付けのなされた箇所の中には、特に反響が多く、一回の拍手や発声で五回から七回のエコーが聞こえる場所もあった。これらの事実は、調査された絵画洞窟の絵や印のある場所では、音楽、それもバスからバリトンの音域の男声を中心とする音楽が営まれていた可能性を強く示唆している(1-3)。これに対し、音響効果の悪い場所には、何らの絵も、何らの印付けもなされていなかったという。ル・ポルテル洞窟と、ニオー洞窟の壁画は、マドレーヌ文化期にあたる、今から一万七千年から一万千年ほど前に描かれたものとされているので、これを描いたのは紛れもなく、新人、すなわちわれわれ現生人と同じホモ ピクトルであったと考えられる。

ドーヴォアはこれらの洞窟画が描かれた時代の楽器に関しても、詳細な調査を行っている(2)。楽器として発掘されるものについては後に詳しく述べるが、これらに加えて、洞窟内に豊富に存在する鍾乳石や石筍も、これを指で弾いたり、手や棒で叩いたりすると楽器として使えることを指摘し、こ

図1　トロア・フレール洞窟の「小さな魔法使い」
ドーヴォアのデッサンによるもの
(土取利行「壁画洞窟の音―旧石器時代・音楽の源流をゆく」青土社，2008[4] より)

れを石琴（lithophone）と呼んでいる(2)。これらの楽器のほかにも、拍手や足踏みなどの音も、音を出す用途で用いられたであろう。彼は、これらの楽器を使いながら歌うという行為が、これらの絵画洞窟で営まれた可能性を指摘した。そして、それらの音楽と同時にダンスが踊られていたのではないか、という可能性も考えられている。

同じくマドレーヌ期に描かれたと考えられるレ・トロア・フレール（Les Trois-Frères）洞窟には、「小さな魔法使い」と呼ばれる、バイソンの姿をしたヒトが、鼻に棒のようなものを当てて踊っている線刻画が描かれている（**図1**）。これは、シャーマンが踊る姿であると考えられており、鼻にあてがった棒状のものは、ドーヴォアによると、鼻笛ではないかという(2)。

鼻からの呼気で音を出す鼻笛は、今日でも南米の先住民族などに残っているというが、口からの呼気で鳴らす通常の笛に比べると、音量は小さい。しかし、日本の音楽家土取が、ドーヴォアの説を参考にして、このレ・トロア・フレール洞窟の「小さな魔法使い」の絵の下で鼻笛を吹いてみたところ、洞窟の共鳴効果で、美しく響いたという(4、5)。土取は、その後、ラスコー洞窟と同じくソリュトレ文化期（二万二千年から一万七千年前）に描かれたと考えられる、クーニャック（Cougnac）洞窟で、鼻笛や石琴を用いて音楽演奏をするという大胆な試みを行っている。この実験で作られた音源は、CDとして市販されているが(5)、これを聴くと、洞窟内の音響効果が、これらの音楽演奏にどれほど有利かということが実感される。

音楽の系統発生

今日、生存しているヒトの社会集団の中で、音楽と言える活動を全く持っていない集団を考えることはできない。どのような文化の下にあったとしても、ヒトの文化の中には必ず音楽があった。そして今でも音楽は、あらゆるヒトの文化の中に存在している。それでは、音楽という活動はいつごろからあるのだろうか。

ダーウィンは、音楽の起源を、動物の声に求めている(6)。確かに、小鳥の囀りは音楽のようであり、ヒトの作った音楽作品の中には、鳥の鳴き声をそのまま模倣したものも少なくない。しかし、これらを音楽という名で呼んでよいものかどうかについては、前章の「絵を描く」動物たちについて論じたのと同じ問題が生じてくる。

動物の鳴き声や叫び声は、それを聞いたものに、何らかの一定の行動をとらせることを目的として発せられる。未だ独り立ちできない鳥類や哺乳類の子供たちは、親に自分の居場所を知らせるために声を発するし、同種異性の相手に自分の居場所を知らせて相手を呼ぶための発声行動は、両生類以上の、陸上生活するようになった哺乳動物の多くのものが行う。また、自分の存在を他者に示して縄張りを主張するための発声も、多くの動物が行う行動である。これらの発声行動の中に、ヒトの耳には音楽様に聞こえるものがあったとしても、それはヒトの主観的判断による一種の思い込みであり、発声している動物の目的とするところとは何ら関係がない。これらの発声は、全て、聞き手に特定の行動を起こさせるための操作的コミュニケーションの手段である。雛鳥の鳴き声を聞いた親鳥は、自分の雛のところに餌をもって駆けつけるという行動を起こすのみであり、雛に対する愛情や、慈しみの感情を抱くわけではない。それが証拠に、親鳥は自分の雛の鳴き声にしか反応せず、他の雛鳥の鳴き声は完全に無視するからである。すなわち、親鳥を呼ぶ雛鳥の鳴き声には、親鳥の情動反応を呼び起こす作用は全くなく、ただ単に自分の親の哺育行動を呼び起こす作用しかない。

これに対し、ヒトの音楽には、それを聞くものに何らかの感情を生じさせる、指示的コミュニケーションとしての作用がある。音を使って指示的コミュニケーションを行う行動のみを音楽と定義するなら、虫の鳴き声も、鳥の歌も、哺乳動物の叫びや吠え声も、音楽ということはできない。

それでは、ヒト亜科の進化の過程では、いつから音楽という行動が始まったのであろうか。

飼育された類人猿の中には、楽器を演奏するようなものがいることは事実であるが、現存の野生類人猿の中で、明らかに音楽と言えるような行動をとるものはほとんどないようである。野生ゴリラの観察を行ったフォッシー（Fossey D）の著書『霧のなかのゴリラ』には、ゴリラたちの「手ばたき」や「あご鳴らし」という行動が記録されている(7)。後者は、力を抜いたあごの下で素早く両手を叩いて、上下の歯がぶつかって生じるカチカチという音を立てる行動であり、これを二頭の年若いゴリラたちが「同時に音を立てると、まるで大道芸人の小バンドのようだった。陽射しのあたたかなのんびりとした日には、彼らのたてるカチカチ、パチパチという音に誘われて、シンバやクレオや小さなクウェリ（いずれも子供のゴリラたちの名前：筆者註）が、楽しげにつま先でくるくるまわったものだった」(7)。フォッシーによれば、このような行動は、野生ゴリラには珍しいものであるというが、ここに述べられている意図的な音出し行動と、それによって誘発された他の個体の舞踏様の行動という組み合わせは、指示的コミュニケーションとしての音楽の姿を彷彿とさせるように思われる。

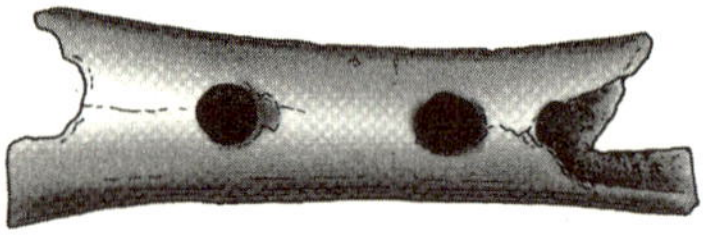

図2　ディヴィエ・バベの「ネアンデルタール人の笛」
（Mithen S.The Singing Neanderthals:The Origins of Music, Language, Mind, and Body. Harvard Univ Press, 2006[10]より）

これに対し、グドール(8)や西田(9)による野生チンパンジーの観察記録の中には、このような指示的コミュニケーションと思われるような、音出し行動を見出すことができない。野生チンパンジーたちは、様々な叫び声や吠え声を発し、また木の枝や、あるいはブリキ缶などを用いて音を出すような行動をとるが(9)、これらはいずれも他の個体、あるいは他の群れに対する威嚇行動の一部であり、完全に操作的コミュニケーションとしての音出し行動である。

それでは、人類進化のなかで音楽が始まったのはいつごろであろうか。

一九九六年、スロヴェニアでネアンデルタール人の住居跡だったディヴィエ・バベ（**Divje Babe**）洞窟の調査を行っていたトゥルク（Turk I）は、五万年〜三万五千年前と推定された堆積層の中から、長さ一一・四センチメートルほどの、ホラアナグマの幼獣の大腿骨の一部分を発見した(10)(**図2**)。この中空の骨には、円い孔が二つあいていた。発見者のトゥルクは、これらの孔は、ネアンデルタール人が、笛にするためにあけた孔だと主張し、そのレプリカを作成して、十分に音楽の演奏ができることを示した。彼の主張する「ネアンデルタール人の笛」の演奏は、You-Tubeで聞くことができる(11)。

しかし、トゥルクの主張に対しては、多くの反論が寄せられた(12)。それによれば、これは肉食獣に噛まれてできた孔であるとし、その証拠として、肉食獣に噛まれてできた同様の円い孔の開いた骨の例を示すとともに、これらの骨とディヴィエ・バベの「笛」に開いた孔を、顕微鏡を用いて詳細に調べたところ、孔の周囲に掻き傷やくぼみが見つかったことから、この「笛」の孔は、石器ではなく肉食獣の犬歯によってあけられた孔である可能性が高いとした。また彼は、ディヴィエ・バベの「笛」では、骨の孔と反対側の位置に、歯の跡がくっきりと残っていることも、これらの孔が人為的にあけられたものではなく、ハイエナやホラアナグマの顎にくわえられてできたものであると結論付けた(12)。更に、ディヴィエ・バベ洞窟内の骨のほとんどがホラアナグマの骨であることから、これは自然死したホラアナグマの骨が溜まった巣であったのではないかと考えられている(12)。

このように、ネアンデルタール人がこの「笛」を吹いて音楽を演奏したということに対しては、現時点では否定的な見解のほうが強いようである。しかし、後に述べるように、オーリニャック文化期の新人たちが使ったと考えられる、馴鹿の指骨に孔をあけた呼子笛の中には、肉食獣が咬んでできた孔を、それを手にしたヒトが拡げて使ったと考えられるようなものもあることを考えると、ディヴィエ・バベ洞窟の「笛」を作ったのがホラアナグマだったとしても、ネアンデルタール人がこれを笛として使用しなかったとは言い切れないと思う。

フォッシー(7)が野生ゴリラにおいて観察したような音出し行動と、それによって誘発されたダンス様の行動、というようなことは、当然、ネアンデルタール人の社会においても営まれていたであろうと考えられるし、ある程度の言語能力を有し、また亡くなった仲間を埋葬するほどの、他者をおもんばかる心を持っていた彼らが、埋葬の場において、哀歌に似た何らかの歌の如きものを全く歌わなかったと考えることは、むしろ不自然であろう(10)。後述する音楽という表現行動の持つ二面性、すなわち歌謡に代表されるような感情の直接的表現と、器楽演奏に代表されるような感情ないし身体活動の抽象的表現のうち、前者にあたる感情の直接的表現を意図する音楽行動は、ネアンデルタール人も営んでいた可能性は高いと思われる。

現在までのところ、確実に彼らが使っていたと考えられる楽器は見出されていないが、後述のように、呼子笛やスクレーパーなどは、彼らも使用していた可能性がないとは言えない。しかし、彼らが営んでいたかもしれない音楽の中心は、ゴリラの子供たちが行っていたような、自分の身体を使って出すような音、すなわち拍手や足踏みと、分節構造を持たない歌のような声が主体をなしていたのではないかと想像される。すなわち、ネアンデルタール人は、「絵」を描くことはできなかったが、音楽することはできていた可能性が高いと思われるのである。

ミズンは、彼らのことを、歌うネアンデルタール人と呼んでいるが、筆者はこれを *Homo musicalis*（ホモ ムジカーリス＝音楽するヒト）と呼びたいと思う。これに対して、われわれホモ ピクトルは、音楽することに加えて「絵」を描くようにもなったのであるから、*Homo pictor musicalis*（ホモ ピクト

図3　呼子笛
（土取利行「壁画洞窟の音－旧石器時代・音楽の源流をゆく」青土社，2008[4]より）

ル ムジカーリス＝音楽し描くヒト）と呼んではどうかと考える。すなわち、ネアンデルタール人は、ホモ ムジカーリスであったのに対し、われわれは、そこから一歩進んで、ホモ ピクトル ムジカーリスになったと言えるのではないだろうか。

旧石器時代の楽器

ネアンデルタール人に遅れて登場したホモ ピクトル ムジカーリスの祖先は、実に様々な楽器を残している。先に述べた如く、絵画洞窟はその洞窟自体が石琴と呼ばれるような楽器であったことも事実であるが、洞窟画が描かれていたと同じ頃に使われていたと考えられる楽器も沢山見出されるに至っている。

一八六〇年頃から、オーリニャック文化期（三万四千〜二万六千年前）に作られたと考えられる、馴鹿の第1趾節骨（基節骨）に孔をあけた呼子笛がフランス各地で発見されている（**図3**）(2)。これらの中には、肉食獣が犬歯であけた孔を利用したり、その孔を人為的に拡大したと思われるものもあるという。これらの呼子笛は、一八〇〇～三六〇〇ヘルツの高さの音を出すことが知られている。ただ、これらの呼子笛は、そのほとんどが一つの孔しか有していないため、原則としては一音しか出せない。このため、この呼子笛が本当に楽器として使用されたのか、あるいは動物を呼び寄せるための狩猟の道具や、グループ内でのメッセージの伝達の道具などの、音楽以外の用途にあてられたのかは不明である。

時代は随分と下るが、日本では、縄文時代の頃から、石笛《いわぶえ》といって、貝などがあけた孔のある石を、笛のように吹く楽器があった。単孔であるため、音程を変えることは困難であるが、非常に鋭い神秘的な音がするものであり、その後も神事における楽器として使用されてきている。このことから考えれば、この馴鹿の趾節骨から作られた呼子笛が、祈りの場などにおいて楽器として使われた可能性を否定することはできない。

同様の呼子笛の中には、三万年以上前のスペインのムスチエ文化期のものと考えられているものもあり(2)、これらの中には、ネアンデルタール人が用いていたものもあるかもしれない。

これに対し、明らかに楽器として用いられたことがわかっているものとしては、笛、ブルロアラー、スクレーパーなどがある(2)。そんな中で最古の楽器とされているのは、二〇〇八年に、ドイツ・チュービンゲン地方のホーレフェルス（Hohle Fels）で発掘された、ハゲワシの翼の骨で作られた笛である(13)。発見者であるチュービンゲン大学のコナード（Conard N）(13)によると、長さ二二センチメ

図 4　白鳥の骨で作られた旧石器時代の笛
（Mithen S.The Singing Neanderthals:The Origins of Music, Language, Mind, and Body. Harvard Univ Press, 2006[10] より）

ートルほどのこの笛は、炭素14法での年代測定では、三万五千年以上前のものであるという(13)。笛には五個の孔があけられているが、孔を指で押さえやすくするため、孔の周囲が平らに削られており、明らかにヒトの手によって人工的にあけられた穴であることがわかる。

この地域では、この他にも、マンモスの牙や白鳥の翼の骨で作られた笛（**図4**）も、発見されている(14)。同様の笛は、フランスやスペインでも見出されており、その年代も、オーリニャック文化期からグラヴェット文化期（二万八千年〜二万二千年前）までの長い期間にわたっている。

ブルロアラー（bull roarer）というのは、木または骨製の長卵形あるいは菱形の平らな板きれの端にあけた孔に紐をつけ、その紐をもってグルグルと振り回すものであり（**図5**）、西ヨーロッパではソリュートレ文化期以降に見出されるようになる(2、14)。洞窟内のような反響の大きい空間でこれを振り回すと、本当に雄牛が吠えているような音がするという。これを右手で振り回すと、ブルロアラーが正面から左そして後方に向かう時には回転速度が速く、後方から右そして正面に向かう時には回転速度が遅くなる。このため、ブルロアラーが発する音の周波数に高低が生じ、唸り声のような音響効果が

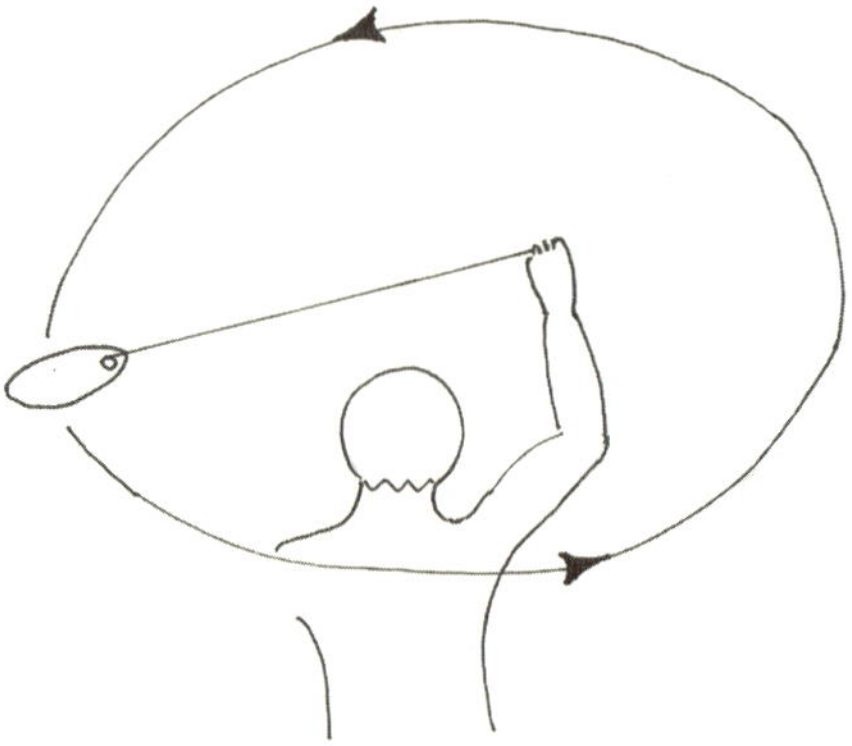

図5　ブルロアラー

（著者原図）

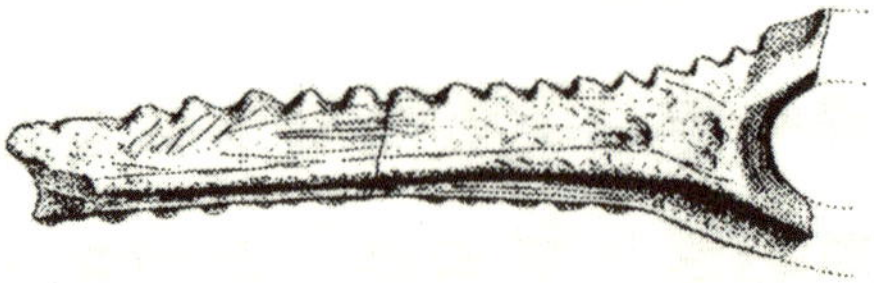

図6　スクレーパー
（土取利行「壁画洞窟の音－旧石器時代・音楽の源流をゆく」青土社，2008[4] より）

生じる。しかも、このブルロアラーを振り回す運動が同じ調子で繰り返されるなら、この唸り声は、一定のリズムにのって発せられることになる。

スクレーパーは、木切れや骨片に刻み目をつけたもので、これを木の棒などでこすって、カタカタというリズミカルな音を出すものである（**図6**）(2, 14)。この楽器の由来は古く、ムスチエ文化期から存在していたらしいことがわかっているので、ネアンデルタール人も使用していた可能性がある。

ドーヴォア(2)は、先に述べ

たように、この他の楽器として、鍾乳洞にある鍾乳石や石筍を、手や棒で叩いたり弾いたりして、石琴として用いた可能性を指摘し、その音響実験を様々な絵画洞窟で行った。そこで再現された音は、現代のシロフォンやマリンバと同じような響きを持つものであり、楽器として使用されてもおかしくないことが確かめられている。実際現代でも、洞窟内ではないが、このような自然石を音楽演奏用の楽器として用いる演奏家は少なくない。

これらの、保存されやすい材料でできた楽器に対し、木や皮で作った楽器は、もし使われていたとしても今日まで残っていることは期待しにくい。そんな中で、証拠は残っていないものの、古くから使われていた可能性の高い楽器の一つが太鼓である。太鼓には、中空の胴の両側に皮を張った二枚皮太鼓と、底のある腕型の胴の片側のみに皮を張った一枚皮の太鼓、そして胴がなく円形の枠に皮を張っただけのフレーム・ドラム（うちわ太鼓）がある。この中で最も古くから使われ始めたのは、フレーム・ドラムではないかと言われ、少なくとも農耕が始まったメソポタミア文化の時代から使われてきたと言われている。

このような太鼓は、旧石器時代から使用されていた可能性は否定できないが、単語という分節から成る言語体系を持っていなかったネアンデルタール人が、このような太鼓を作ることができたとは、極めて考えにくい。わが国の縄文時代の遺跡からは、有孔鍔付土器と呼ばれる甕型の縄文土器が出土しており、これが太鼓として使用されたのではないかと考えられたことから、「縄文太鼓」なる楽器の存在が論議をよんだことがあったが、今日の考古学的見解では、この有孔鍔付土器は、太鼓の胴として作られたものではなく、醸造などに用いた甕であったとする説が有力である(15)。

絵画洞窟内で行われていたこと

このようなことから、絵画洞窟に描かれた「絵」や「印」の前では、音楽が営まれていたらしいことがわかってきた。それでは、それはどんな音楽が何のために演奏されたのであろうか。その問いに対する答えのヒントになるのは、洞窟画の中で時々現れる、獣身の人物像と思しき姿である。

先に述べた、レ・トロア・フレール洞窟の「小さな魔法使い」をはじめとして、頻度は少ないものの、獣身の人物像が描かれている洞窟は少なくない。これらは、当時のシャーマンの姿ではないかと考えられている。すなわち、洞窟内の絵画が描かれた場所では、シャーマンの主導の下に、笛や石琴による音楽に合わせて歌が歌われ、シャーマンを含む参会者たちがトランス状態になって踊っていたのではないかという説が有力である。その舞踏の目的は、ヒトの能力を超えた自然の力に対する祈りではなかったろうか、というのが多くの研究者の意見である(16)。

洞窟画が描かれた時代、ヒトが生きていくということは生やさしい問題ではなかったはずである。彼らの生きる糧である狩りの獲物に出会うためには、それなりの苦労があったはずである。どの方向に進み、何処に行けば獲物に出会うことができるのか、それらの獲物をどうすれば仕留めることができるのか、そういった知恵は、恐らく言葉を使って、群れの中で伝えられてきたことであろう。実際の狩りの現場では、必ずしも狩りに成功するばかりであったはずはなく、多くの失敗を重ねたことだろうと思われる。しかし、こういった度重なる失敗に際して、発達した言語能力を持っていたヒトは、その失敗の原因を言語化して、次の世代に残していったに違いない。例えば、東側に沼地のある地域で草を食む羚羊の群れを、南側から追い込んだヒトたちが、羚羊たちが西側の草原に逃げて行ったことを記憶に留めるなら、次の機会には、南西側からこの羚羊たちを東の沼地に追い込み、一網打尽に捕えることを、仲間たちに伝えるであろう。単語という分節構造を有する言語であれば、このようなコミュニケーションは十分に可能だったはずである。

それでも、狩りは極めてリスクの高い作業だったはずである。特に、マンモス、オオシカ、オーロック、バイソン、ホラアナグマ、などの大型哺乳類の狩りにおいては、獲物の逆襲によって犠牲になった仲間も多かったに違いない。このように危険を伴う狩りに携わる人々にとっては、狩りの獲物に出会うことを願うとともに、狩りにおける犠牲者が出ないようにという願いを抱くこともまた当然であろう。また、彼らを取りまく環境は、彼らにとって厳しいものであった。厳しい気候の変化だけでなく、雷や山火事、地震や土砂崩れ、洪水や津波など、今日と変わらぬ自然災害が、彼らを苦しめたであろうし、多くの病や外傷によって命を奪われることも多かったであろう。また気候の変化は干ばつなどによる狩りの獲物の二次的な減少をもたらし、彼らは飢えに苦しんだに違いない。これらの、抗しがたい災厄に出会ったとき、われわれの祖先たちは、黙ってそれを耐えるのではなく、それらの災厄を取り払うべく行動したと考えられる。その行動、それは「祈り」と言う言葉で表現されるようなものであり、その「祈り」が営まれた場の一つが、絵画洞窟ではなかったかと思われるのである。すなわち、絵画洞窟は、未だはっきりした宗教を持っていなかった旧石器時代人が、強大な自然の力に対して、自分たちの願いを表明し、癒しを求める場であり、見事な壁画は、その「祈り」の場を示すものであったのではないかと考えられるのである。

絵画洞窟の社会的役割に関しては、シャーマンの「祈り」の場であったという説の他に、ここが一人前の男になったことの証の場、すなわちイニシエーション儀礼の場であったという説がある(17)。成人に達した若者が、狩猟を主な営みとする社会集団への入団が認められるには、勇気ある一人前の男であるという証を示す必要がある。そのためには、洞窟という暗い閉鎖空間の中に示された標識をたよりに、特定の到達点まで到達できる能力があるかどうかを試された可能性がある。洞窟の中には、予め通路の各所に儀礼の主催者たちが潜んでいて、様々な楽器を使って音を出し、儀礼を受ける若者たちに恐怖心を起こさせたのではないかというのである。実際、ブルロアラーを洞窟内で回して音を立てると、雄牛の咆哮を思わせるような恐ろしい音が聞こえると言い、いかにもイニシエーション儀礼にふさわしい場であったかのようにも思われるが、そうだとすると、そのような効果を出す楽器演奏者は、音響効果の良い場所に潜んでいなければならない。音響効果の良い場所の印付けは、そのような演奏者の潜む場所を示しているとも考えられる。一方、もしブルロアラーを使うのであれば、それを振り回すに十分広い空間が必要となるが、印付けのある場所は、常に広い空間であるとは限らないようであり、イニシエーション儀礼の場であったとする説には、未だ疑問が残らないでもない。

音楽の発達

以上に述べたように、絵画洞窟では、歌と楽器演奏、そして舞踏が同時に営まれていた可能性がある。このことは、音楽という営みの成り立ちを考える上で大きなヒントを与えてくれる。今日までの神経科学的研究の積み重ねからわかってきたのは、音楽の認知に関与する大脳皮質領域が、様々な領域に分散して存在しているという事実である。特に、メロディーとリズム、ハーモニーの認知に関与する大脳皮質領域は、かなりかけ離れた領域に独立して存在していることが知られている(18)。しかも、メロディーの認知は右側頭葉、リズムの認知は左前頭葉と、関与する大脳半球も、左右異なるということもわかっている。このことは、音楽という営みにおいて、少なくともメロディーとリズムという二つの要素は、その起源が全く異なっているのではないかということを考えさせる。

メロディーという音楽要素が、歌に由来しており、歌は歌われた発話に由来しているということは、多くの者が認めているところである。どのような言語の発話にも、その言語に特有の抑揚とリズムがあり、時には同じ言語の中でも、方言と呼ばれる地域に固有の抑揚やリズムも存在している。このことから考えると、このような発話時の自然な抑揚が、そのまま歌のメロディーになっていったのではないかと思われるが、比較音楽学研究からは、これは否定的である。

サックス（Sachs C）(19)によれば、古代文明における歌は、話し言葉の自然な抑揚を平たん化し、表現豊かなリズムを決まりきった長短・強弱の繰り返しに変えてしまうことによって作られたという。これによって、古代文明の歌は、一本調子の唱えごと、あるいは中くらいの高さの二音、あるいは三音の間を行き来するような音列の繰り返しになったという。このような歌い方は、世界中の様々な宗教典礼において、今でもなお広く行われている。

仏教における読経も、その一つと考えられる。筆者の家は浄土真宗東本願寺大谷派であり、ものごころついたころから、「正信偈」を毎晩唱えさせられたため、今でもその読経のメロディーとリズムはほぼ正確に記憶している。「正信偈」は、正しくは経ではないが、そのほとんどの部分は、基音から上下に二度ずつ動くのみの単純な三音旋律の構造を持っている。「正信偈」を唱えるという営みは、東西本願寺派を問わず浄土真宗の信徒全体に共通であり、同一のテキストをほぼ同じリズムで唱えるのではあるが、読経の旋律構造は、東西本願寺によって違っている。このため、大谷派（東本願寺）の信徒という立場で聴くと、本願寺派（西本願寺）の「正信偈」の旋律構造には違和感を感じざ

図7　ニッカル賛歌の書かれた粘土板

（Kilmer AD,et al. Sounds from Silence:Recent Discoveries in Ancient Near Eastern Music. Bīt Enki Publications,1976[20] より）

るを得ない。逆に、本願寺派の信徒からすれば、大谷派の「正信偈」には、違和感があるだろうと思う。

　このような差がいつどのように生じてきたのかは知らないが、このような旋律構造の差は、同じ内容のものを唄っていても、帰属集団の違いを強く意識させるものであり、そのような意図の下に生み出された差ではないかと思われる。二音ないし三音旋律の構造は、おそらく仏教音楽よりはるかに昔からあったと思われる、わが国古来の神楽歌においてもよくみられるし、ふるいわらべ唄にもそのようなものがある。

　一九七六年、アッシリア学の研究者キルマー（Kilmer AD）[20]は、一九五〇年にシリアのウガリト遺跡で発見された粘土板に書かれている楔形文字を、楽譜であると主張し、これを解読したと報告した（**図7**）。それによれば、これは、今から三千四百年前の紀元前十四世紀頃に作成されたものであり、月の神の妻である女神ニッカル（Nikkal）への賛歌の楽譜であるという。

この楽譜を読み解くにあたっては、この粘土板の発見以前に、メソポタミアの様々な遺跡から既に見つかっていた四つの粘土板の研究が大きな意義を有していた。これらの粘土板の解読によって、紀元前二〇〇〇年ほど前からのメソポタミア文化における音階や、リラ（竪琴）の調弦方法についての知見が得られていたことから、このウガリトの粘土板に書かれた楽譜が解読されたのである。この粘土板には、賛歌の歌詞と、この歌を演奏する際の、九弦リラ（竪琴）の演奏についての指示が書かれており、これを楽譜として読み解くことができることから、「ニッカル賛歌」の楽譜が復元され、CDとして世に出されている(20)。

キルマーによれば、この楽譜に記された音階は七音から成る全音階であるとされており、今日のドレミの音階によく似ている。これが真実だとすれば、ピタゴラスよりはるか以前から、全音階の音律が知られていたということになる。しかし、この粘土板からは、音階は分かるものの、リズムに関する記載はないので、その音楽がどのようなリズムで演奏されたのかはわかっていない。キルマーらの復元した「ニッカル賛歌」は、歌のメロディーにリラの伴奏がついた、二部からなるポリフォニー音楽となっているが（**図8**）、紀元前一四〇〇年の時点で、ポリフォニー音楽が営まれていたとすることには、異論も多い。

一方、一九八四年、ドゥシェーヌ－ギユマン（Duchesne-Guillemin M）(21)は、このウガリトの粘土板について更に詳細な研究を行い、キルマーらの解釈は間違いであったと主張して、修正復元したメ

図8　キルマーによる復元

（Kilmer AD,et al. Sounds from Silence:Recent Discoveries in Ancient Near Eastern Music. Bīt Enki Publications, 1976[20] より）

図9　ドゥシェーヌ - ギユマンによる復元
（Duchesne-Guillemin M. In:Sources from the Ancient Near East, Undena Publications, 1984[21] より）

ロディーを発表した。こちらのほうは単旋律の歌であり、しかも歌の途中でメリスマ様のトリルが入っている（**図9**）。メリスマは、メロディーの中で長く延ばすフレーズにおけるメロディーの細かな揺れであり、東洋における歌唱の特徴の一つとされている。これは、日本の馬子唄や追分節などで見られるように、長く延ばす音を上下に揺らして「あや」をつけることであり、歌手の個性による差が大きく、また多分に即興性に富むものであるため、ポリフォニーである合唱では実現困難である。もしドゥシェーヌ－ギユマンの解釈のように、「ニッカル賛歌」にメリスマが取り入れられていたとすると、この曲は当然独唱歌であったということになるが、そうであるなら、九弦リラの演奏指示であるという粘土板に記載されていた楽譜に、メリスマまでが書き込まれているということは、不自然である。メリスマを多用するような音楽、例えば日本の馬子唄などを聴くと、メリスマに並行してメロディーを揺らすのは尺八であり、撥弦楽器である三味線には、メロディーの揺れは望むべくもない。メリスマで歌われている間は、撥弦楽器にはフェルマータしかないのである。日本の馬子唄(22,23)でこのような形の伴奏をしている三味線は、その由来を辿れば琵琶からメソポタミアのリラにたどり着くというが、それを考えると、リラの楽譜にメリスマをトリルとして書き込むということには、違和感を感じざるを得ない。

そのようなことから、キルマーおよびドゥシェーヌ－ギユマンのいずれの原曲復元も、未だ十分に納得できるものではない。メソポタミアの楔形文字を刻んだ粘土板は、今日までのところ、膨大な数のものが発見されているという。それらの粘土板の解読は、未だ進んではいないようであるが、今後の研究の進歩によっては、メソポタミア文明における音楽の実態が、更に詳細にわかってくる可能性もあると思われる。

一方、音楽におけるリズムの起源は、基本的には身体の運動に存在する繰り返しパターンの時間的順列の認知に基づいていると考えられる。ヒトに限らず、全ての動物の身体には、心臓の鼓動や呼吸、あるいは歩行や跳躍、疾走といった日常的な運動の中に存在する様々なリズムが存在するが、ヒトは、それが一定の時間間隔を持つ繰り返しパターンであるということを認識し、そのリズムを作り出す身体部位とは異なった身体部位の繰り返し運動のパターンに変えて再生する能力を持っている。すなわち、音楽におけるリズムは、何らかの基準となるリズムに対し、そのリズムを時間的に正確に模倣する能力によって実現されている。

リズム形成能力はヒトに特有のものではない。例えば、馬は、人為的に与えたリズムに合わせて歩くことができるし、一定のリズムで打楽器を打ち鳴らすチンパンジーも居る。しかし、彼らは外から与えた刺激に応じて身体運動を営むことができるだけであり、外からの刺激がない状態で、一定のリズムを再現することは困難である。ヒトにおいては、宴席などで居合わせた者全員が、同じリズムで手拍子をとりながら歌ったり、あるいは手締めをしたりすることは日常的な現象であるが、動物の世界ではそのようなことは起こらない。すなわち、集団における社会活動としての音楽における、同期的リズム形成の能力は、ヒトに固有のものではないかと思われる。

この点で興味深いのは、小泉による、アラスカのイヌイットとインドのヴェッダにおける合唱能力の調査である(23)。それによると、ヴェッダや、トナカイ狩りを主とするイヌイットのように、日常的な狩猟が個人単位で行われ、集団で協力し合って狩りをするという風習が全くないような生活環境にいる人々においては、合唱というものが成立せず、複数の人々が、自分勝手なリズムで歌うのに対し、村の人々が全員で協力し合って行わなくてはならないクジラ漁を行っているイヌイットの社会では、皆がリズムを合わせて歌う合唱が、日常的に営まれているという。このことは、リズムの形成という能力は、他者の動作のリズムを認識し、それに合わせるということであり、これはとりもなおさず、その場で共有しているリズムを模倣するという能力につながっているということを表わしている。リズムの認知に関与する脳の領域は、動作の模倣に大きく関わっている左半球の44野であると考えられているが(24)、音楽におけるリズムが、他者のリズムの模倣に根ざしていると考えれば、十分に理解できることである。そして、小泉(23)の指摘によれば、このような他者のリズムの模倣という能力は、集団で協力して行う作業によって育まれてきたものであろうということになる。

絵画洞窟にみるアートの役割

先にも述べたように、絵画洞窟では、描かれた絵の前で、歌と楽器の演奏が営まれ、それに合わせてシャーマンが踊った可能性が高いと考えられるが、それは、芸術活動、すなわちアートの起源とも言える営みであったと言えよう。しかし、そこで歌われた歌がどのような内容のもので、どのようなメロディーで歌われたのか、楽器の演奏からはどんな音色とリズムが生み出されていたのか、またそれに合わせて踊られたシャーマンの踊りは、どんなものだったのか、それらを正確に知る手段はない。

しかし、絵が描かれている場所は洞窟の奥の、外界の光が入らない場所であり、また彼らが洞窟に入る時に持参した、獣脂を使ったランプの光はそれほど明るいものではなかったことを考えると、薄暗い空間に響き渡る歌と楽器の演奏は、極めて神秘的なものであったに違いない。また、ランプの光に照らされて踊るシャーマンの姿、そして壁に映る踊る影、どれをとっても非日常的な出来事から成る、魔術的な世界であったと想像することができる。

石琴やスクレーパーの刻むリズムにのって、ブルロアラーの唸り声と、鋭い笛の音が響き渡る中、二ないし三音旋律の、どちらかというと緩やかな単旋律メロディーの歌声が、洞窟内に響き渡ったのではないかと想像できる。そして、その単旋律メロディーの歌は、メリスマを効かせた独唱者の歌と、参列者全員によるユニゾンの歌とが交互に響き渡るものであったかもしれない。いずれにせよ、そこで行われたのは、先述のごとく、今日的な意味での宗教の原型とも言うべき「祈り」の行為であったのだろう。それは、一つの集団の者たち（おそらくは男たちのみ）が一堂に会して行う集団全体の「祈り」の儀式であり、そこで行われた音楽も舞踏も、そこに描かれた絵画も、このような集団の儀式に供するための行為であったと考えられる。

すなわち、今日アートと呼ばれるこれらの行為、すなわち絵画、音楽、舞踏の全ては、その起源においてはヒトの集団全員が共同で行うものであり、集団における社会的行動であったと言えよう。集団的社会行動であったとすれば、そこには、美の追求とか、自己表現という考え方はなかったであろうし、芸術至上主義などというものとは全く縁のない行動であったに違いない。このことを考えるなら、ヒトがホモ ピクトル ムジカーリスになったという背景には、ヒトの集団が生存していくための手段としての、集団的「祈り」という行動様式があったと思えるのである。

第四章　文献

（1）Reznikoff I, Dauvois M.La dimension sonore des grottes ornées. Bull Soc préhitorique fr 85: 238–246（1988）
（2）Dauvois M.Homo musicus paléolithicus et Paléoacustica. MUNIBE（Antropologia–Arkeologia）57: 225–241（2005）
（3）Scarre C. Painting by resonance. Nature 338:382（1989）
（4）土取利行『壁画洞窟の音―旧石器時代・音楽の源流をゆく』青土社、東京（二〇〇八年）
（5）土取利行『瞑響・壁画洞窟―旧石器時代のクロマニョン・サウンズ』（ＣＤ）日本伝統文化振興財団、ＶＺＣＧ６８７（二〇〇八年）
（6）Darwin CR. The Descent of Man, and Selection in Ralation to Sex. John Murray Publishers, London（1871）, Dover Edition, Dover（2010）
（7）ダイアン・フォッシー（著）、羽田節子、山下恵子（訳）『霧のなかのゴリラ―マウンテンゴリラとの13年』早川書房、東京（一九八六年）
（8）Goodall J. In the Shadow of Man. Houghton Mifflin Hartcourt, New York（1971）

（9）西田利貞『野生チンパンジー観察記』（中公新書618）、中央公論社、東京（一九八一年）
（10）Mithen S. The Singing Neanderthals: The Origins of Music, Language, Mind, and Body. Harvard Univ Press, Cambridge（2006）／熊谷淳子（訳）『歌うネアンデルタール―音楽と言語から見るヒトの進化』早川書房、東京（二〇〇六年）
（11）Jakopin P. Neanderthal Bone Flute Music.
https://www.youtube.com/watch?v=sHy9FOblt7Y
（12）Diedrich CD. "Neanderthal bone flute": simply products of Ice Age spotted hyena scavenging activities on cave bear cubs in European cave bear dens. Royal Society Open Science DOI: 10.1098/rsos.140022（April,2015）
http://rsos.royalsocietypublishing.org/content/2/4/140022
（13）Conard NJ, Malina M, Münzel SC.New flutes document the earliest musical tradition in southwestern Germany. Nature 460: 737-740（2009）
（14）La musique dans la préhistoire. Hominidés. com.
http://www.hominides.com/html/dossiers/musique-prehistoire. php
（15）小島美子「私たちの音楽「日本音楽」」〈日本の伝統芸能講座〉『音楽』（小島美子・監修）、淡交社、東京、二五-五五頁（二〇〇八年）
（16）Lewis-Williams D. The Mind in the Cave. Thames & Hudson, London（2002）／港 千尋（訳）『洞窟のなかの心』講談社、東京（二〇一二年）
（17）Montelle Y-P. Paleoperformance: Investigating the human use of caves in the upper Paleolithic. In: New Perspectives on Prehistoric Art（ed by Berghaus G）, Praeger, Westport Conneticut（2004）,

pp131-152.
(18) 岩田誠『脳と音楽』メディカルレビュー社、東京、二〇五－二五一頁（二〇〇一年）
(19) Sachs C. The Rise of Music in the Ancient World, East and West. WW Norton & Co. New York（1943）／皆川達夫、柿木吾郎（訳）『音楽の起源―東西古代社会における音楽の生成』音楽の友社、東京（一九六九年）
(20) Kilmer AD, Crocker RL, Brown RR. Sounds from Silence: Recent Discoveries in Ancient Near Eastern Music. Bīt Enki Publications, Berkeley, CA（1976）
(21) Duchesne-Guillemin M. A Hurrian musical score from Ugarit: The discovery of Mesopotamian music. In: Sources from the Ancient Near East（ed by Buccellati G）, Kelly-Buccellati, Undena Publications, Malibu Vol 2, asc 2（1984）, pp1-32.
(22) 小泉文夫『日本の音―世界のなかの日本音楽』平凡社、東京（一九九四年）
(23) 小泉文夫『人はなぜ歌をうたうか』学習研究社、東京（二〇〇三年）
(24) 西谷信之「言語野の進化」神経進歩、四七巻、七〇一－七〇七頁（二〇〇三年）

第五章　アートの役割

叙事詩の成立

このようにして発達してきたアートの中で、最も中心的な役割を担っていたのは、恐らく歌ではないかと思われる。

前章で述べたとおり、原初期の歌は、二ないし三音旋律の、単旋律歌唱であったと考えられるが、これは、今日でも多くの宗教儀式における祈祷に使われている様式である。

先にも述べたように、ネアンデルタール人の原始的な言語には、単語という分節はなく、統語もまた時制という文法構造もなかったと考えられるが、彼らもその言語を使って歌っていた可能性がある。彼らの歌唱も、それを聞いた他の個体に、何らかの情動的なメッセージを伝えることができたであろう。われわれヒト、すなわち、単語という分節構造、統語と時制という文法構造を持つ言語を有するに至ったホモ ピクトル ムジカーリスにおいては、このような歌唱能力は、集団の歴史を次の世代に伝えるために利用された。

ヒトの集団には、その集団の起源や歴史を伝える叙事詩と言われるものがあるのが普通である。それらの叙事詩は、一般にいずれも極めて長い長編詩であり、一晩では歌い終えることのできないほどの長い叙事詩も沢山ある。

未だ文字というものが存在しなかった時代、個々の集団には、このような長編叙事詩を全て暗誦し、集団としての何らかの儀式的な催事には、これを皆に歌って聞かせる、という役割を持つものが居た。わが国の「語り部」と呼ばれた人々は、そのような役割を持っていたと考えられる。八世紀頃に成立したとされる、わが国の歴史を述べた『古事記』(1)には、その成立の過程が記されているが、それによると、わが国の歴史を残そうと考えた天武天皇は、優れた暗誦能力を持つ稗田阿禮に命じて、様々な歴史的記述を暗記させたと書かれている。

『古事記』は、その稗田阿禮が語るところを、太安萬侶が筆記して作成されたものであるとされている。このことは、民族の歴史というものは、本来、口伝として伝えられてきたものであることを意味している。紀元前三五〇〇年ほど前に成立したとされる世界最古の叙事詩『ギルガメシュ叙事詩』(2)も、粘土板の上に楔形文字で書かれたテキストとして知られるようになったが、粘土板の作成よりははるか以前から語り伝えられてきた叙事詩を、正確に保存する目的で、書かれたテキストとして残したものであろう。

このように考えると、狩猟採取時代の新人たちもまた、彼らの集団の起源や歴史を述べる叙事詩のようなものを持っていたとしても、おかしくはないと思われる。ひょっとすると、絵画洞窟内ではそれらの叙事詩が歌われ、それを聴く者たちに対し、集団の一員としての自覚を持たせるのに役立ったのかもしれない。前章でも述べたように、絵画洞窟は、集団の一員として認められるためのイニシエーションの場であったとする意見があるが(3)、単なる肝試し的な洞窟内探索を課したというのではなく、集団の一員であることを認識させるための儀式が執り行われた場であったとするなら、絵画の描かれた所、すなわちバリトンの声域に対する音響効果の良い場所は、「語り部」による叙事詩が歌われるためにふさわしい場であり、イニシエーションの儀式が執り行われていたとしてもおかしくはないであろう。

古代における多くの集団において、集団の由来や歴史が「詩」という形で暗誦され、伝承されたということには、大きな意味があると思われる。「詩」というものは、散文とは違い、発話において何らかの一定の構造的制約のある、話し言葉の表現形式である。この構造的制約は、集団の用いる話し言葉のそれぞれにおいて異なっている。

日本語の話し言葉では、リズム要素としての拍（mora）が重要であるため、古代の歌謡は、拍を一定の形式で組み合わせた繰り返しから成るリズムを持っているが、このような一定の構造的制約は、長文の暗誦を容易にする。日常的な経験からも、散文を丸暗記するよりは、歌謡としてこれを覚えるほうがはるかに容易であることは、われわれの日常生活においても、明らかである。これは、歌うということによって、歌謡の内容を身体運動として記憶するということであり、神経科学的に言うならば、歌謡という形式は、長文を、意味記憶ではなく、手続き記憶の形で記憶することにつながり、これが記憶スパンの延長に大きく役立っていると思われる。すなわち、極めて長い文を記憶するには、これを単なる文の意味として記憶するのではなく、歌うという動作の連続として記憶するということが、有効であるということを、古代人は既に気づいていたということになるであろう。

このようなことから、民族の由来の物語のように、時間的に極めて長い期間にわたる出来事を同族内の人々に伝えるには、叙事詩の形式で暗誦する方法が、多くの民族によって採用された。そして、そのような能力に優れたものが、その役割を担うために「語り部」として選ばれたと考えられる。古来、ヒトの集団における歌の起源としては、このような役割を持って生み出されたものが多かったのではないかと思われる。これらの叙事詩は、ハープ、リラ、琵琶、あるいは琴などの撥弦楽器の伴奏で、独唱者によって歌われていたのではないだろうか。

集団の叙事詩と共に、歌の起源として考えられるもう一つのものは、宗教的な歌、すなわち自然、あるいは神への賛歌である。

前章で述べたように、今から三千四百年前のメソポタミアでは、神への賛歌が歌われていたことが明らかにされている(4)。このような宗教儀式が、絵画洞窟内で行われた「祈り」の行為の延長上にあることは容易に想像される。絵画洞窟内での「祈り」においては、歌と同時に舞踏が営まれた可能性が高く、また、笛や太鼓などを含む様々な楽器も動員されたのではないかと想像される。すなわち、合奏、合唱の形式を持つ音楽は、このような中から生まれて来たと考えられる。先にも述べたように、絵画洞窟内での「祈り」の行為は、恐らくは男たちだけで営まれた可能性が高い。しかも、狭い洞窟のスペースの中では、それほど多くの人数で集まることはできなかったと思われる。一族の男たち、せいぜい十数人ほどが集まるのが精いっぱいだったのであろう。

今から約一万年ほど前に始まった農耕とともに、ホモ ピクトル ムジカーリスは絵画洞窟で唄うのを止めたと考えられる。狩猟採取と比べ、農耕では、はるかに多数の人々が共同作業を営む必要がある。絵画洞窟という狭い空間には収まりきれぬほどの大きな集団となったヒトは、「祈り」を行うためには、より多くの人々が集合できる戸外のオープンスペースが必要になったのであろう。

家族単位で行うことができた狩猟採集から、恐らくは数十人以上の人手を必要とする農耕への生活様式の転換は、多くの家族がまとまって暮らす集落の形成を促し、村と言えるような規模にまで大きくなってきたと考えられる。わが国においては、このような集落の形成は、水田農業が始まった弥生時代よりはるか以前の、縄文時代において既に始まっていたことがわかっている(5)。今から四千年以上前の縄文時代遺跡の調査から、クリやトチノキ、クルミなどの食用堅果樹を栽培していただけでなく、アサやウルシをも栽培する小規模な集落が存在していたことが判明している(5)。しかし、この時点では、集落の構成員はそのほとんどが血縁関係で結ばれたもの、すなわち血族であったと考えられる。しかしその後の弥生時代になって水田農耕が始まると、このようにして形成されていた小規模集落が複数集まって、より大きな集落を形成する必要が生まれてきた。すなわち、複数の血族が寄り集まった社会が形成されることになる。

このように直接の血縁を越えた社会集団をまとめていくためには、集団秩序が必要となり、それを実現すべく生まれた社会的役割の分化が、社会の支配層と被支配層という構造を作り上げたのではないかと思われる。それと同時に、複数の血族に共通する集団の由来をまとめて、新たなる集団の起源を解き明かす集団の叙事詩が、生み出されねばならなかったであろう。

ダンバー（Dunbar R）は、高等霊長類の新皮質量とその属する群れの個体数の上限とが一定の関係を有すると主張し、自らとの関係を識別できる個体識別能力の限界は、その種の新皮質の量で決定されるという原理を提唱した(6)。群れの個体数がこの数を超えると、互いに相手との関係を識別することができなくなり、群れの社会的安定性が保てなくなるというのである。この原理に基づき、彼はヒトの群れの個体数の上限を一五〇と算定した。これはダンバー数（Dunbar number）と呼ばれ、ヒトが親密な関係の社会を形成するための個体数の上限であるとされている。すなわち、それ以上の個体数から成るヒトの社会を、安定した社会集団として維持していくためには、他の高等霊長類にはない特殊な能力が必要であるということになる。ヒトが獲得した話し言葉の能力こそが、正にその特殊能力であると考えられるのである。そして、話し言葉を用いた社会集団の安定維持方法の一つが、その集団の由来を示す叙事詩の存在であったのではないかと思われる。

さて、わが国において小集落規模の社会が営まれていた縄文時代、メソポタミア、エジプト、中国、そしてインドでは、既に都市国家と言えるような大規模集落が、農耕を基礎として既に出来上がって

表1　ムーサたちの司る学芸分野

ムーサ	分野
カリオペー	叙事詩
クレイオー	歴史
エウテルペー	抒情詩
タレイア	喜劇
メルポメネー	悲劇
テルプシコラー	合唱・舞踏
エラトー	独唱歌
ポリュムニアー	賛歌
ウーラニアー	天文

いた。このように巨大化した社会においては、その社会を構成する人々の、その社会への帰属感を生み出す必要がある。特定の社会への帰属感を保持する上で最も重要なのは、その社会における共通言語の存在であろう。そして、そのような共通言語を広めるために、歌というものは、最も有効な手段の一つであったに違いない。その社会集団に生まれたものは、幼少時から、その社会集団に固有の言語を獲得し、そして歌うことを介して、その社会集団の起源に関わる歴史と、その社会集団に共通の神に対する信仰を育てていったのではないだろうか。異なった血族からなる社会集団において、その構成員の集団に対する帰属感を育てていくには、その社会集団の成り立ちを説いた叙事詩を歌うということが、極めて有用であったと思われる。

ギリシア・ローマ神話では、ゼウスの娘である九人のムーサたち（ムーサイ）がパルナッソス山に住み、それぞれ特定の分野の学芸を司るとされている（**表1**）。これらの学芸は、それぞれを司るムーサたちの助けがなければ、成就され得ないと考えられたのである。ムーサたちの長女カリオペーは、叙事詩を司るとされているが、このことは、ギリシア・ローマ時代における全ての分野の学芸の中で、叙事詩の果たす役割がいかに重要視されていたかを示している。この叙事詩は、とりもなおさず、彼らの集団の起源を語る叙事詩であり、集団にとって最も重要な文化的伝承だったのである。ギリシア時代においては、「イリアース」、ローマ時代においては、「アイエーネス」がその役割を担っていた。

ムーサたちの司る学芸分野のうち興味深いのは、クレイオーが受け持つ歴史と、ウーラニアーが受け持つ天文の位置づけである。この時代の学芸としては、他にも、彫刻や建築、工芸などの造形美術の分野や、哲学、弁論などの学問分野も発達していたはずであるが、歴史と天文は、ムーサが受け持つ学芸分野、すなわち神の助けなしにはその技能を獲得できないものであると考えられたのに対し、その他の造形美術や、弁論、哲学などは、その獲得には神の助けを必要としない技能であると理解されていたことが窺われるのである。反対に、様々な様式の詩をはじめとする歌、演劇、舞踏、すなわち、なべて演ぜられるもの（パフォーマンス）は、ムーサたちの支配下にあり、これらの女神の助けがあってはじめて完成されると考えられていたことになる。すなわち、これらの即興性を要するパフォーマンスは、社会的に特に重要な営みであり、即興であるが故に、人知のみにてはなし難いものとされていたことになる。

神話の成立

このように、農耕の発達とともに、ダンバー数をはるかに超えて大きくなっていったヒトの集団は、集団の統一を図るために、集団の起源に関する知識を共有する叙事詩を持つに至ったが、村、町、あるいは都市国家というように大きな規模の集団を形成するようになるにつれて、集団の支配層を形成するリーダーたちと、彼らの指揮によって行動する被支配層の人々が分化してくるようになった。そこで必要となったのが、多神教の「神々」の存在であったと思われる。

人間の能力をはるかに超える能力を持ち、不滅の存在である「神々」という概念を用いれば、その「神々」が制定した支配者と被支配者の関係は、絶対的なものとして受け入れられやすくなり、また、様々な自然災害の不条理性に対して、支配者はその責任を負うことを免れることも可能となる。このような条件の下に生まれたのが、各民族の神話ではなかったかと思われる。

この点で重要なのは、神話においてしばしば取り上げられる、自然現象を解き明かす物語である。わが国の神話としての天照の天岩戸伝説は、日蝕という天文現象を説明するものであると言われているが、素戔嗚が行った八岐大蛇退治の話も、治山治水工事の伝説と解することもできる。こういった自然現象の不思議を、「神々」の行動として説明する民族神話は、古今東西を問わず普遍的なものである。

　このような神話の中から生まれてきた宗教行為における祈りの対象は、「神々」であり、その祈りは、洞窟画の前で営まれたと同様の、音楽と踊りであったであろう。ただ、そこでは、数々の「神々」のうちから、自然界において特定の役割を持つ神が選ばれ、その神に対して特定の願いごとをする祈りが行われたのであろう。したがって、個々の異なった神に対しては、特定の音楽、特定の歌、そして特定の踊りが営まれるようになったのではないだろうか。

　ウガリトで発見された女神ニッカルへの賛歌(4)を、そのような意味から見るなら、それはその女神への祈りを介して特定の願いごとをするようなものであったと考えられる。この時代、おそらく幾多の「神々」に祈るための多くの賛歌が存在していたであろうことが想像されるのである。歌うという行為は、正に祈りそのものであったと考えられる。

　このように、ヒトの社会においては、その初めの頃から、歌うという行為は、大きな意味をもつ社会的な営みであった。狩猟採取から農耕へと進化していくにつれて、次第に大きくなっていくヒトの集団の社会構造を安定化させておくためには、集団内の統一、すなわちその集団を構成する各構成員の、その集団への帰属感を養い育てていく必要がある。そのような目的に対し行われたのは、おそらく集団としての宗教儀式であったと思われる。今日的な意味での宗教が生まれる以前のヒトの社会では、ヒトの日常生活における様々な出来事の因果は、それが幸運であろうと、災厄であろうと、全てが「神々」という存在の意志によるものであり、ヒトの力ではどうしようもない大きな力に支配されていると感じられていたに違いない。その大きな支配力に対して、ヒトは絶えず「祈り」を捧げ、自分たちの幸運を願っていたと思われる。

絵画洞窟の時代では、それは家族、ないしは血族の願いであったが、農耕社会の到来とともに、それは、集落、村、そして国という、次第に大きく膨らむ社会集団の願いになっていった。そのような中で生まれてきたのは、集団としての「祈り」の行為、すなわち、集団の構成員すべてに共通の「神々」に対する、集団的な宗教儀礼であったと思われる。そして、このような宗教儀礼で欠かすことのできなかったものが、音楽である。前章で述べた、ウガリトにおける女神ニッカル賛歌は、このような背景の下になされた宗教儀礼のための音楽であったものと考えられる。集団における宗教儀礼は、その集団における構成員の一体感と団結力を築くために、極めて有効であったはずである。

このような社会集団の精神的な統一を目的とするための歌や音楽は、近代国家にとっては、国歌という形態をとるようになる。国歌として歌われる歌詞やメロディーは、その国に古くから伝わったものであったとしても、国家が国歌を制定するようになったのは、ナショナリズムが叫ばれるようになった二十世紀になってからのことであり、そこには、国家と言う巨大な社会集団システムを維持していくという明らかな目的が見て取れるのである。

そのような中で注目されねばならないのは、敵対する集団と戦う集団としての統一感を養うための音楽である。その由来は古く、古事記に紹介されている、神武天皇が久米部の人々と共に八十建《やそたける》を討つ時に歌われた「撃ちてし止《や》まむ」の歌は、そのような戦闘歌の原型であり、神武天皇と土着民との戦闘においては、その後もしばしば歌われたもののようである(1)。二十世紀半ばにわが国が経験した大戦においても、このフレーズ「撃ちてし止《や》まむ」は、国民の合言葉のように口ずさまれた。近代戦争において、士気を鼓舞するため、あるいは団結力を高めるために様々な国で歌われた、戦闘歌、あるいは軍歌と言われるようなものの大半は、このような目的において用いられた音楽である。

そのような戦闘歌の中には、フランス国家「ラ・マルセイエーズ」のごとく、一国の国歌になってしまったものさえある。この国歌の歌詞は、「われらの子や友の喉をかき切りにくる、残忍な暴君の兵士たちの汚れた血で、畑の畝が溢れかえるまで戦おう」という意味の、極めて残虐な言葉に満ち溢れている。しかし、この国歌を歌う現代のフランス人たちが、彼らの国歌の歌詞を字義どおりに理解しているかどうかは疑わしい。二〇一五年にパリ郊外、サン・ドニ市のサッカー競技場に数人のテロリストがなだれ込んで銃を乱射し、何人もの犠牲者を出した事件の時、パニックに陥って逃げ惑った人々が、そのうち、誰とはなしに歌い出された「ラ・マルセイエーズ」によって落ち着きを取り戻し、整然と列を作って避難していく姿がテレビで報道された。これを見る限り、この時「ラ・マルセイエーズ」を歌った人々の心の中では、この国歌の歌詞の意味を正確に理解するということよりは、これを国歌として共有する人々の一体感、すなわち団結の感情が一気に沸き起こったものだと感じられた。

国家という程の巨大な社会集団をまとめていく上において、国歌というものがいかに有用であるかということを、間近に垣間見せられたエピソードであった。

わが国における音楽の発展

先にも述べたように、わが国の縄文時代の人々は、今から四千年以上前から、単なる狩猟採取生活という営みを脱却して、多彩な植物栽培を行う集落を形成していた。今から五千年ほど前から存在したと考えられている縄文時代遺跡の一つである三内丸山遺跡では、多くの住居跡が発見されており、そこには、おそらく数百人規模の集落があったのではないかと考えられている(5)。そうであるなら、ダンバーの理論に従えば、そこには既に集団維持のための積極的な方策が営まれていた可能性がある。しかし、縄文時代に営まれていたかもしれない音楽に関係する資料はほとんどない。わずかに、土鈴や土笛が見出されてはいるが、これらが実際に音楽と言える活動に用いられたかどうかは不明である(7)。縄文太鼓として紹介されることの多い、有孔鍔付土器も、楽器ではなく、酒造のための壺であったとする意見が主流である(7)。

今からおよそ三千年前から始まるとされる弥生時代になると、水田農耕が行われるようになり、集落の個体数は数千人規模にまで増大する。この時代から、それに続く古墳時代になると、多くの楽器が出土するようになる。中でも有名なのは、銅鐸であるが、これが本当の楽器として使用されたのかどうかについては疑問もある。これに対し、弥生前期の遺跡から出土した木製の琴は、その後の古墳時代にも発見されており、この時代にはすでに音楽活動が営まれていたことを裏付けている。この時代、竹や木を材料にした笛も使用されていた可能性があるが、土中では残りにくい材料であるためか、出土されたものはないようである(7)。

古墳時代を代表する埴輪の中には、膝の上に琴を置いた女性の埴輪があるが、このことは、古墳に葬られたような支配階級の人々の社会においては、音楽という活動が日常的に営まれていたことを示すものではないか、と考えられる(7)。

奈良・平安時代以降のわが国の朝廷は、雅楽寮や大歌所《おおうたどころ》といった国家機関を設けて、国家の祭礼音楽の管理と伝承を行ってきた(7)。すなわち、音楽活動というものが、国家制度の中で営まれるようになっていたのである。このような国家制度の下で営まれてきた音楽は雅楽と呼ばれる。今日、一般に雅楽と呼ばれるものは、舞踊音楽としての器楽演奏曲であるが、それらのほとんどは、ベトナムや中国あるいは朝鮮半島から伝えられたものであり、元来は日本固有の音楽ではない(7)。これらを伝えてきたのが、雅楽寮である。これに対し、神楽歌や、国風歌舞《くにぶりのうたまい》とよばれる古代歌謡も、広義の雅楽に含まれるが、これらは、わが国固有の音楽とされている。これらの管理伝承にあたってきたのは、雅楽寮ではなく大歌所であり、外来の音楽より格上の音楽とされて、楽家《がっけ》と呼ばれた人々の口伝によって、代々歌い継がれてきた(8)。

そのような中で、神楽歌の系譜は、極めて大きな意義を持っている。神楽には、宮中の音楽として民間には公開されることなく、長い間にわたって歌い継がれてきた御神楽《みかぐら》と、民衆によって伝えられてきた郷神楽《さとかぐら》がある(8、9)。現在残っている郷神楽のほとんどは、中世以後、特に江戸時代以降に、能楽を基礎にして発展してきたため、ドラマ仕立てのものが多く、時代時代の流行や好みに従ってどんどん変化してきたと考えられる。しかし、中には巫女《みこ》神楽や、湯立《ゆだて》神楽のように、神事そのものの形態を伝える旧い形式のものも残されている(9)。これらは、郷神楽のより古い形態を伝えるものと考えられるが、その多くは歌はなく、笛と太鼓に、しばしば巫女のふる鈴を伴った巫女の舞のみであり、古代のシャマニズムの祈りを彷彿とさせるものが多い。そんな中で、湯立神楽の一つである秋田県横手市の波宇志別神社の神子《みこ》舞には歌がついているが、それには、主旋律に対して三度下の並行する副旋律が歌われている部分がある(9)。これは、原始的なポリフォニー音楽として注目されてよいであろうと思われる。ただ、これらの旧い形式の郷神楽の起源がいつごろかということは、不明である。

このように起源に関する情報が乏しい郷神楽に対し、宮中でのみ歌われてきた御神楽には、六、七世紀に歌われ始めたものが、ほぼそのままの状態で伝えられて来たと考えられるものもある。中には、一子相伝として伝えられて来た神楽歌もあり、千年以上の時を経てもほぼ原型をとどめている伝統音楽として、世界的にも珍しいものである。その内容は、これまで全く公開されてこなかったが、今日では、これらの御神楽は、「日本古代歌謡の世界」(8)というCDセットに収められ、誰もが聴けるようになった。それを聴くと、ほとんどが独唱あるいは斉唱合唱からなる曲であり、和琴、笛、笏拍子、時には篳篥《ひちりき》などの伴奏がついている。この点では、前章で紹介した、ウガリト遺跡で発見され復元されたニッカル賛歌の様式と似ている。神楽歌も、その由来は神道の宗教儀式に演奏されたものであり、演奏目的もよく似ている。すなわち、これらの音楽は、集団の宗教儀式のために生まれてきたものであると言えよう。

興味深いのは、御神楽の中には、閑拍子《しずびょうし》と呼ばれる、拍節のないメロディーのみからなるものと、揚拍子《あげびょうし》と呼ばれる、拍節があって人長舞という舞を伴うものがある、という事実である(8)。これに対し、ベトナム、中国、あるいは朝鮮半島から伝えられた外来音楽としての雅楽は、ほとんどのものが舞を伴うリズムのある音楽である(10)。わが国に伝わる音楽の中に、このような舞踊を伴うリズムのあるものと、舞踊を伴わないメロディーのみのものという二つのジャンルの音楽が、古くから並存していたということは、音楽の社会的役割を考えていくための重要な事柄であると考えられる。

わが国の音楽の伝統を語る上でもう一つ重要なのは、仏教音楽の役割である。仏教は、六世紀ごろにわが国に伝えられたが、大和朝廷がこれを国家統一のために有用な国策として取り込んで以来、わが国の全域に広まっていった。そのような中で、天台宗や真言宗の僧侶たちが営む儀式における祈りは、声明《しょうみょう》という形の音楽として、今でも参集者に大きな印象を残す宗教的な営みとなっている(11)。声明では、導師と呼ばれる独唱者と、それにつき従う斉唱合唱者の集団からなっている。こういった声明の多くは、漢文、あるいはサンスクリット語を漢文に変換したものであるため、一般民衆の言語理解能力をはるかに超えたものであったことは、間違いない事実であるが、これを音楽として聴く聴衆にとっては、意味解読は必ずしも必要がなかったのであろう。声明は、そのほとんどが、単旋律で無拍節の音楽、すなわちメロディーのみでリズムのない音楽である。また、鐘などの打楽器を伴うことが多いが、笛や撥弦楽器は使用しない。

わが国の音楽の起源となったこれらのものは、いずれも、公の儀礼や宗教的儀式に用いられた祈りの音楽であって、雰囲気づくりや、権威の表現としての音楽であり、娯楽的な役割を果たすものではなかった。音楽が、まずこのような儀礼や儀式において使用される活動として発展してきたということは、おそらくわが国のみでなく、世界中の古代文化に共通のことであっただろうと思われる。

社会活動における音楽の使用

音楽のもう一つの役割は、社会行動としての営みである。旧石器時代から古代に至るヒトの生活の中で、歌や踊りは集団で行われる参加型の営みとして行われてきた。集団的営みの中でのパフォーマンスとして、歌の果たした役割は極めて大きかったと思われる。そのような営みの一つの例として、古事記に記されたエピソードを取り上げてみよう(1)。

神武天皇が配偶者を選ぶ際、側近の大久米命《おおくめのみこと》に命じて、伊須気余理比賣《いすきよりひめ》に自らの意を伝えさせるが、それを伝えるため、伊須気余理比賣のもとに向かった大久米に対し、彼女は、「あめつつ　ちどりましとと　などさける利目《とめ》（アマドリ、ツツドリ、チドリ、シトトドリのように、目のまわりに入れ墨してるのは何故なの？）」と問う。すると、大久米は、「媛女《をとめ》に　直《ただ》に遇《あ》はむと　わがさける利目（お嬢様に直接お会いしたいと思って、目のまわりに入れ墨したのですよ）」と答える(1)。この掛け合いは、おそらく、歌として唄われたものではないだろうか。そうした歌による掛け合いは、子供たちの遊び「花いちもんめ」の情景を、まざまざと思い起こさせるものである。この時、伊須気余理比賣は、七人の娘たちの先頭に立って高佐士野《たかさじの》という所を歩いていたと書かれているが、大久米のほうも、彼一人ではなく、何人かの男たちと一緒に居たであろうと思われる。それらの娘たちとこれに相対する若者たちの間で、「花いちもんめ」にあるような、「あのこがほしい」「あのこじゃわからん」というやりとりに似た歌唱のやりとりがなされたのではないだろうか。このようなやりとりの末に、伊須気余理比賣が指名されると、今度は彼女が、先に紹介した「あめつつ……」と歌ったのだろう。歌による彼女の問いかけに対する大久米の答えは、彼女の気に入ったようであり、伊須気余理比賣は神武天皇の妻となった、と書かれている。

歌による求婚の掛け合いの有様は、萬葉集(12)の巻頭に収められた、雄略天皇の歌「籠《こ》もよ　み籠持ち……」にも垣間見ることができる。古代社会においては、求婚の意志を伝えるにおいて、歌はなくてはならぬ手段であったということが、これらの記録から明らかになるのである。このような歌と踊りによる男女の求婚の行為は、歌垣という形式となって、古代においてはごく一般的な営みとなっていったと考えられるが、これを模倣する様な同様の営みは、子供たちによる遊びの世界にも浸透していった。そのような歌垣の影響を受けて生み出されていったのが、「わらべ歌」ではなかったかと思われる。

一般民衆が必要としたもう一つのジャンルの音楽は、共同作業を伴う労働のための音楽である。その中で特筆すべきものに、田楽がある。奈良時代に朝廷による音楽の管理機関が設けられたことは先に述べたが、平安期になるとそのうちの雅楽寮の規模が縮小され、多くの楽人がリストラの憂き目をみることとなった。朝廷内での職を失った楽人たちの一部は社寺などに再就職したが、多くの楽人は民間の芸能者として、民衆の中へと音楽を持ち込んでいった。それらの中には、琵琶法師として、語りものを演ずる旅芸人になったものもいたが、街中で、猿楽と呼ばれる様々な音楽芸能を営んだものも多かった。そのような猿楽を営む音楽芸能人が、田植えなどの農耕の祭りに呼ばれ、太鼓や鼓を打ち鳴らしながら踊ったのが、田楽躍《でんがくおどり》の始まりと言われている(7)。ここで活躍した楽器が、腰に結いつけて使う田鼓《でんこ》という太鼓と、竹の小片をつなぎ合わせた「びんざさら」である。農村における農耕の祭りがない時期になると、このような芸能人たちは都市に集まり、市民たちに田楽躍を披露したことであろう。楽器を打ち鳴らしながら彼らが演じたこれらの音楽舞踊は、平安時代の一般民衆に広く受け入れられ、音楽の大衆化に大きく貢献したと思われる。今日にまで伝えられている田植え歌や、稲刈り歌は、このような中から生み出されていったと考えられるし、近年になっても、多数の人々が共同作業を行う漁業や土木工事の現場においては、はっきりしたリズムを持つ音楽が歌われている。すなわち、共同作業の労働歌とでも言うべき音楽は、古くから営まれてきたのである。

娯楽としての音楽

平安期の貴族文化の発展の中で、音楽は貴族たちの社交生活の一部としての活動となっていった。『堤中納言物語』(13)の「逢坂越えぬ権中納言」には、偶々集まった三人の公達が奏でる和琴、横笛、笏拍子に合わせて、残りの一人が催馬楽「伊勢の海」を歌う場面が描かれているが、催馬楽、今様などといった娯楽的役割を担った音楽は、貴族社会から民衆にも広がっていった。ここにおいて、公的な祈りから離れた音楽活動が、娯楽的な役割を担って、社会生活の中に浸透していったものと考えられる。

同じようなことは、仏教諸宗派における読経や、称名念仏の類についても言えることである。声明のような仏教儀式音楽が基礎となって、このような音楽的営みが行われるようになったが、これらの音楽においても、声明と同様、歌われる歌詞は、一般民衆の理解能力を超えた漢文調、ないしはサンスクリットの漢語直訳であった。すなわち、一般民衆がこれらの音楽に求めたのは、歌詞の意味理解ではなく、読経や称名念仏が引き起こす情動体験であった。

筆者の家は浄土真宗大谷派であるが、ある法事で我が家に来られた僧侶が、「佛説阿弥陀経」を、「かくの如くわれ聞く……」と日本語訳で読経されたことがあった。私にとっては、普段聞きなれてはいても意味がよくわからなかったところをわかりやすく詠んでいただいてありがたいと思ったが、居合わせた老人たちは、あれでは、お経の有難味が薄れる、との批判を述べていた。これは、僧侶の読経を聞く一般民衆の率直な感じ方なのであろう。声明も読経も、称名念仏も、それに対して聴衆が期待しているのは「ありがたい」という気分、すなわち宗教的雰囲気に浸ることなのであり、そのために必要なのは、はっきりした意味の解読を実現するための「語られる」ものではなく、意味はわからなくとも有難味を感じさせるような「詠われる」もの、すなわち音楽なのである。

仏教音楽が盛んになるにつれ、盛んになってきた民衆の娯楽音楽として注目すべきは、語り物の世界である。その代表は、平家物語を語る琵琶法師であり、先にも述べたように、雅楽寮の大規模なリストラによって一般社会に出てきた元楽人たちは、琵琶を伴奏に使った語り物を市井に広める役割を担った。この琵琶から後に三味線が生まれてくるが、三味線音楽を軸にして発展してきた浄瑠璃、義太夫、あるいは浪曲といった語り物の音楽は、一般民衆の娯楽音楽として大きく発展していった。こういった語り物の世界で追求されたのは、「義理と人情」、すなわち「公と個」のジレンマという社会的問題であり、これら二つのうちのどちらに基づいて問題解決がはかられるかということが、民衆にとっての最大の興味であった。この場合、音楽は、情動的な解決を援助する形で使用されることが多かった。

音楽の持つこのような情動性は、民謡という形で、日本文化の中で大きく発展していった。小泉文夫は、日本の民謡を、単旋律のメロディーのみでリズムのない歌から成る「追分様式」と、リズムがあって、しばしば多くの楽器と多くの歌い手を動員する踊り付き音楽である「八木節様式」に二分した(14)。追分様式の代表格は馬子唄とか追分節であり、独唱が主体であって音域が広く、こぶし、すなわちメリスマという即興性の高い旋律の揺らぎを伴うことが多く、伴奏は主として尺八である。これに対して八木節様式の民謡は、何々音頭というようなものであって、大勢で歌われるので音域が比較的狭く、太鼓や笛、撥弦楽器などを用いたリズミカルな伴奏がつき、皆で踊るようなものである。

日本の民謡に現れるこのような二つの方向性の起源は、御神楽にみる閑拍子、揚拍子と同系統のものではないだろうか。いずれにせよ、民衆の音楽にこのような二つの流れがあるということは、それぞれの音楽の目指す方向性の違いを示すものではないかと考えられる。すなわち、追分様式の音楽は、個人的な感情を吐露する抒情的な表現音楽であるのに対し、八木節様式の音楽は、社会的集団の帰属意識を高めるための娯楽に用いられるものであると考えられる。

舞踏と演劇

先述のように、最初は洞窟内で演じられていたシャーマンの踊りを中心とする祈りのパフォーマンスは、ヒトの社会集団が大きくなるにつれて、屋外で演じられるようになっていった。

十九世紀末に、アフリカのサン族（かつてはブッシュマンと呼ばれていた）のパフォーマンスを調査した西欧人たちの記録によると、彼らはシャーマンに導かれ、歌を歌い、足につけたガラガラでリズムを刻みながら「治癒の踊り（medicine dance）」を踊る(15)。このようなダンスが続くと、そのうちにシャーマンはトランス状態に入り、しばしば鼻から出血する。このような深いトランス状態に入ったシャーマンの魂は、その身体を抜け出て別の世界に行き、亡くなった人の暮らしぶりを観察したり、神に会って病人の命乞いをしたりすると信じられている。

このようなシャマニズムにおける祈りのパフォーマンスは、しばしば岩絵として描かれており、音楽と踊りのパフォーマンスが絵画と結びついている。北欧には、そこで宗教儀式、ないしは演劇の舞台が営まれていたと考えられる、絵の描かれた大きな岩壁や岩舞台様のものが見出されているが(3)、これらもまた、洞窟画の前で営まれた音楽と踊りの延長線上にあるものと考えられるかもしれない。

これらの岩絵に描かれたものの中には、その部族のトーテムや、伝説を描いたと思われるようなものもあり、ここで営まれたパフォーマンスの中には、その社会集団の由来を歌い、演じることによって、その集団への帰属意識を高めるような儀式が営まれていたのではないかと考えられるものもある。

わが国の雅楽は、基本的に踊りを伴うものであり、儀式的な意味を持つパフォーマンスであったと考えられるが、シャマニズム的な祈りとは違って、国家という大きな社会集団の安寧を願うような国家行事的祈りの行為であったと考えられるものが多い。これに対し、郷神楽には、石見神楽のように、能楽や歌舞伎の影響を受けて作られたドラマ仕立てのものが少なくないが、これらの多くは室町時代から江戸時代にかけて成立したものである。これらの舞踊劇としての郷神楽の多くは、それが演じられる地域集団に特有のものであり、その地域社会の成立の由来を示すものがほとんどである。いわゆる郷土芸能として保存されてきたこれらの舞踊劇は、その地域社会集団の構成員に対して、その集団への帰属感を高めるのに大いに役立ってきた。

その後、社会集団が次第に大きくなるに従い、舞踏や演劇も、地域社会への帰属感を高めるためのものから、娯楽としての意味が大きくなっていった。能や、歌舞伎、文楽といった浄瑠璃系パフォーマンスの表現は、生と死に対する仏教的解釈や、社会道徳と個人の情動との対立、あるいは勧善懲悪といった、矛盾に富む社会に対して民衆が感じ、そしてその解決に対して共感を生むようなテーマになっていった。すなわち、民衆が求める娯楽としてのパフォーマンス・アートになっていったのである(7)。

このようなパフォーマンス・アートは、常に音楽とともにあり、音楽を利用しながら発展してきた。わが国では、能においては笛と鼓、太鼓が、浄瑠璃系のものに関しては三味線が、主要な楽器として登場し、様々な舞踏や演劇において定着していった(7)。

造形美術の社会的役割

洞窟画の時代から、絵画以外の様々な造形作品が作られていたことは、前章でも述べたが、それらの造形作品は、洞窟画に比べれば、はるかにサイズの小さいものであり、社会集団のものというよりは、個人、あるいは家族といった小集団における所有物であったと考えられる。農耕の始まりと共にその構成員数を増した社会集団は、大きな村落を形成するようになり、ついには都市国家を作り上げるに至る。この過程で大きく発達していったのが、神殿やモニュメント、王墓、あるいは王宮といった公的な建造物の建設と、それらを飾る彫刻やレリーフの製作であった。

メソポタミアやエジプト、ペルシアのような中近東文化圏、ついでギリシア・ローマを中心とする地中海文化圏では、このような建築と彫刻の文化が発展していったが、これらは、多民族から成る大きな社会集団を、統一文化圏としてまとめ上げていくために必要な、社会集団の共通意識を育むための造形作品であったと考えられる。

洞窟画から始まって、古代文化に至るまでの公共的な造形は、集落や部族、あるいは都市や国家といった大きな共同体全体として、その集団への帰属意識を高めるための祈りを導き出すという目的を持っていたものと思われる。それと並行して、絵画や装飾品は、社会集団の営みに対する役割から、家族集団内の個人的な営みへと、その役割を変えていった。

エジプト文化では、絵画はもっぱらパピルス文書の挿絵や、室内装飾、あるいは墓碑として描かれ、ギリシア・ローマ文化では、ポンペイの遺跡にみるように、個人の住宅にも、装飾として盛んに描かれるようになった。これらの造形芸術は、個人あるいは家庭という小さな単位での生活において、個人的な祈りや、個人的な癒しの目的のために作られたものと考えられる。

興味深いのは、同じ造形美術の製作者でも、ギリシアの都市国家においては、神殿のような公共の場を飾る彫刻の作成者、すなわち彫刻家は、単なる労働者とみなされていたのに対し、絵画の制作者、すなわち画家や、工芸作家は技を持つ職人であるとみなされていたということである(16)。

いずれにしても、ギリシア・ローマ時代のような古代社会においては、職業的な造形作家が出現してきていたことは明らかである。その理由の一つには、永遠の命を持つ不死不滅の神と違って、死すべき運命を持つヒトが永遠不滅の存在であろうとするなら、名誉ある政治家や戦士として名を残すか、あるいは優れた造形作品を造って名を残すか、そのどちらかしかないと考えられたからであるという(16)。自らの造形作品を永遠不滅のものとすることが製作の目的であるとするこの考え方は、今日の芸術至上主義の考え方にも通じるものであり、極めて興味深い思想である。

彫刻であれ、絵画であれ、古代社会における造形美術の目的の一つは、不可視の対象を可視化するということであった。洋の東西を問わず、古代社会の造形美術には、神や仏、天使、精霊、あるいは魔物などを表現したものが多いが、これは、現実社会においては目に見えないものを、目に見える形の造形作品として表現し、人々に知らしめるという意図の下で製作されたものである。すなわち、これらの造形作品は、見えないものの存在を信じようとしない民衆に対し、時の為政者や宗教の指導者などが、その精神的支配下にある民衆を納得させるために作らせたものであると言えよう。

しかし、全ての宗教が、可視化された具象的造形活動を行うわけではない。わが国においても、様々な宗教的儀式に用いるための造形美術が、古代から盛んに行われていた。縄文時代以降、盛んに作られた土偶などは、何らかの儀式で破壊する目的のために作られたものが多いし、大型の土器や埴輪のようなものも、宗教儀礼や埋葬といった公共的な祈りの活動に用いられたものである。しかし長い間にわたって、日本古来の神道においては、具象的な造形作品ではなく、自然物や、鏡、剣、勾玉といったものが、象徴的な存在として祈られてきた。

このように、神道において、具象的な造形芸術が作られてこなかったということは、信ずる神を具象化しないということであり、ユダヤ教やイスラム教にも共通に見られる特徴である。これらの宗教でも、不可視の神を具象的に可視化するということは、求められてこなかった。これに対し、不可視の神の具象的視覚化は、メソポタミアやエジプトの宗教では、古くから行われ、これがギリシア文化に伝わっていった。

インドで生まれた仏教美術も、仏教誕生の頃は、菩提樹とか法輪といった抽象的な図象で仏を表わしていたが、アレキサンダー大王の東方遠征によるヘレニズム文化の拡大によって、ギリシア美術の神像表現方法が伝わってくると、釈迦や仏、菩薩などを、ヒトに似せた形として表わすようになった。すなわち、仏教社会は、ヘレニズム文化の浸透により、仏を可視化し、民衆に対し仏という抽象的な存在を実在化することによって、祈りの対象としやすくしたのである。六世紀頃わが国に仏教が伝来した時、既にこのように可視化された仏像が存在していたということが、仏教を急速に広めるための重要な要素の一つになっていたことであろうと思われる。

パフォーマンス・アートと造形美術、そして音楽

ここに述べたように、絵画が描かれた場所で、音楽や踊りなどのパフォーマンスを行うという、造形美術とパフォーマンスが一体となった原初のアート活動は、その後、それぞれが独立して営まれるアート活動になっていった。造形美術の分野では、建築や彫刻、絵画、それに加えて様々な工芸品な

どの製作が、それぞれ独立したアートの分野になっていった。これに対し、音楽、舞踏、演劇といったパフォーマンス・アートの活動は、どんな文化においても、長い間、それぞれが単独で営まれることはなく、常にすべてが同時に行われるのが普通であった。

実際、歌と楽器演奏に踊りが加わった形のパフォーマンス・アートは、今日、世界中のどこの文化においても見られるものであるが、それは、そのような形での表現行動の起源がいかに古いかということを示しているのではないだろうか。すなわち、われわれの祖先がホモ ピクトル ムジカーリスとして地球上に現れた時、すでにこういったパフォーマンス・アートを営む能力を、存分に発揮させていたのではないかと考えられるのである。

ヒトという存在は、常に集団の中で生活する存在であり、その集団の団結力、すなわち絆の確認ということは、集団全体のみならず、その個々の構成員の生活を安定化するためにも必要不可欠な営みであった、と考えられる。すなわち、パフォーマンス・アートの根源は、ヒトの集団の安定化のための営みに起源を有すると言えるであろう。

しかし、群れを作って生活をするヒトにとって、自分の所属する集団の歴史を語るということは、自らの属する集団における団結力を強め、集団としての行動を実現するために必須の条件であった。パフォーマンス・アートは、この目的のためになされた、集団における必須の営みであったと思われるが、ヒトの集団が、一族から国家といった単位にまで極端に膨大するに従い、直接的な接触を得ることができない集団構成員のため、演じられるアートから、語られるアート、そして書き記されたアートへと変遷を遂げてきたと考えられる。

すなわち、踊られ、演じられた出来事の伝承は、語り部などの専門家による語られた伝承となり、それが今から約五千年ほど前に起こった文字の発明という革命的な出来事によって、時間的に安定した、書かれた伝承となっていったのであろうと考えられる。文字の発明という時点に至って、それまで渾然一体としていた総合的なパフォーマンス・アートから、文字で書かれた文学が独立した表現行動様式として確立されていくに従って、舞踏や演劇もまた独立した分野の表現行動となっていったのではないかと思われる。

これに対し、造形芸術の存在意義を理解するには、これとは全く異なった視点を取り入れる必要がある。それは、時間の流れの中の瞬間の切り取り、という問題である。

レッシング（Lessing GE）(17)は、評論『ラオコオン』において、トロイ戦争における挿話の一つであるラオコオンの物語に関して、ヴェルギリウスの『アイエーネス』においては、それが事件の時間経過に従って詠われていくのに対し、彫刻のラオコオンでは、ラオコオンとその二人の息子たちが海蛇に襲われた瞬間の恐怖と苦痛を切り取って表現していることを指摘し、文学は時間経過を表現するのに対し、造形美術は、ある瞬間を切り取って表現するものであると述べている。

演劇や舞踏といったパフォーマンス・アートは、古典的な文学の基礎となったものであり、すべて出来事の時間的な流れを表現していくのに対し、絵画や彫刻といった造形美術においては、少なくとも西洋美術の世界においては、確かに時間的な流れの中での印象的な一瞬間を切り取って表現しているのが普通である。しかし、わが国には、絵巻物というパフォーマンス・アートに近い造形美術が存在している。西洋美術においても、例えばイエス・キリストや聖母マリアの生涯、あるいは諸聖人の生涯を時間的にたどるような連作絵画は珍しくないし、旧約聖書の物語をたどるようなものもある。しかし、これらは全て、時間的には完全に切り離された複数のエピソードの、各瞬間をつなげただけであり、各場面を描いた絵の順番を入れ替えたとしても、さして大きな混乱は生じない。すなわち、これらの造形作品は、時間経過をたどる造形とは言い難いのである。

これに対し、わが国の絵巻物では、印象的な一場面を切り取って並べたというのではなく、描かれた場面の順序を入れ替えることはできない形で描いたという意味で、一つのエピソードの正確な時間経過を描くという特異な手法が取り入れられている(18)。信貴山縁起絵巻や伴大納言絵巻、あるいは鳥獣戯画などの、わが国の絵画芸術を代表するような絵巻物の表現は、パフォーマンス・アートにおける時間的な流れを彷彿とさせる特異な造形美術であると思う。

西洋における同様な造形美術としては、征服王ウィリアムが勝利したヘースチングス（Hastings）の戦いを表わした刺繍作品、マチルデ王妃のタペストリー(19)であろうが、美術的完成度から言えば、わが国の絵巻物作品とは比べるべくもない。

このように、時間的な流れを表現する文学、演劇、踊りと、瞬間を切り取って表現する造形美術との対比は明白であるが、これに対して音楽というものは、これらの対立する二種類の表現行動の、丁度中間を埋めるような働きを持っているのではないだろうか。

音楽の表現するところのものには、大きく分けて二つの異なったものがある。その一つは、リズムによって身体運動を引き起こすことであり、もう一つは情動反応を呼び起こすことである(20、21)。前者は時間的な流れの表現であり、後者は、瞬間ではないものの、ある特定の時間経過のなかのみにとどまる作用であり、時間の流れを切り取っていると言える。

音楽による表現は、これらの両者の作用を同時に引き起こすという点において、文学やパフォーマンスと、造形美術との中間にある表現行動であると言えよう。われわれホモ ピクトル ムジカーリスは、これらの様々なジャンルのアートの特徴を生かしながら、社会的な表現行動を営んできたのである。

第五章　文献

（1）倉野憲司（校注）『古事記』岩波書店、東京（一九六三年）
（2）矢島文夫（訳）『ギルガメシュ叙事詩』（ちくま学芸文庫）、筑摩書房、東京（一九九八年）
（3）Nygaard J. Rock art and rock sites as indicators of prehistoric theater and ritual performances. In:

New Perspectives on Prehistoric Art（ed by Berghaus G）, Praeger Publishers, Westport, Cooneticut（2004）, pp153-177.
（4）Kilmer AD, Crocker RL, Brown RR. Sounds from Silence: Recent Discoveries in Ancient Near Eastern Music. Bīt Enki Publications, Berkeley, CA（1976）
（5）工藤雄一郎（編）『ここまでわかった！ 縄文人の植物利用』新泉社、東京（二〇一五年）
（6）Dunbar R, Barrett L, Lycett J. Evolutionary Psychology. Oneworld Publication, London（2007）
（7）小島美子「私たちの音楽「日本音楽」」〈日本の伝統芸能講座〉『音楽』（小島美子・監修）、淡交社、東京、二五‐五五頁（二〇〇八年）
（8）『日本古代歌謡の世界』（演奏：東京楽所、音楽監督：多忠麿）、日本コロンビア、CCF-12111-12114（一九九四年）
（9）『古事記 神楽の世界』日本コロンビア、COCJ-37172（二〇一一年）
（10）『雅楽の世界（上）』（演奏：東京楽所、音楽監督：多忠麿）、日本コロンビア、COCF-6194-6195（一九八九年）
（11）『東大寺お水取りの声明』（The World Roots Music Library 45）、キングレコード（一九九七年）.
（12）高木市之助、五味智英、大野晋（校注）『萬葉集 一』（日本古典文學大系四）、岩波書店、東京（一九五七年）
（13）大槻修（校注）『堤中納言物語』岩波書店、東京、（二〇〇二年）
（14）小泉文夫『日本の音―世界のなかの日本音楽』平凡社、東京（一九九四年）
（15）Lewis-Williams D. The Mind in the Cave. Thames & Hudson, London（2002）／港千尋（訳）『洞

窟のなかの心』講談社、東京（二〇一二年）

(16) Arendt H. The Human Condition. Uni Chicago Press, Chicago（1958）／志水速雄（訳）『人間の条件』（ちくま学芸文庫）、筑摩書房、東京（一九九四年）

(17) Lessing GE.LAOKOON（1766）／斎藤栄治（訳）『ラオコオン―絵画と文学との限界について』（岩波文庫）、岩波書店（一九七〇年）

(18) 岩田誠「芸術における時間の表現」〈脳とソシアル〉『脳とアート―感覚と表現の脳科学』（岩田誠、河村満・編）、医学書院、東京、二二三‐二三四頁（二〇一二年）

(19) Rud M.La Tapisserie de Bayeux et la Bataille de Hastings 1066. 4e édition. Christian Ejlers, Copenhague（1996）

(20) 岩田誠「音楽と脳―音楽って何」神経心理学、二八巻、一七‐二二頁（二〇一二年）

(21) 岩田誠「認知症患者のこころと音楽」音楽医療研究、八巻、一‐一二頁（二〇一五年）

第六章　アートの現在

アートのホロン性

絵画洞窟での総合的パフォーマンス・アートは、それが営まれる特定の場所と特定の時が存在していた。言い換えるなら、ある特定の時に、特定の場所に行かなければ、総合的パフォーマンス・アートに接することはできなかった。このようなパフォーマンス・アートは、個人を対象としたものではなく、一つのコミュニティー全体を対象としたものであったからである。

しかし、アートには、美や力、あるいは正義に対する憧れとか、健康や幸運、多産、長寿の願い、といったような、個人的な心理的欲求を満たす役割も、古くから求められてきた。前にも述べたような、装身具類や、ミニアチュア神像、あるいは護符、といった類のものは、もっぱら個人が所有した造形アート作品である。これらの造形作品は個人の所有物であるから、所有者が見たいと思った時に見ることができ、所有者の移動と共に移動する動産芸術すなわちモビールアート作品(1)である。このように、特定の時間と場所に限って営まれるパフォーマンス・アートと、個人の所有物であるが故に移動可能な動産芸術作品としての造形アートは、ホモ ピクトル ムジカーリスの誕生以来、並行して営まれてきた。

アートの歴史的展開において、公的なパフォーマンス・アートと、動産芸術作品から成る造形アートは、ほとんど常に共存して営まれてきた。これは、前章にも述べたように、アートという活動の基本である「祈り」という行為が、自らの帰属集団のための公的な「祈り」なのか、あるいはもっぱら自らのための私的な「祈り」かという二面性を持っているからにほかならない。集団の公的な「祈り」を重視しようとすれば、それは集団の構成員すべてに感知され得る均一なメッセージを伝える「祈り」でなくてはならないため、多くの人々が同時に参加できるパフォーマンス・アートが、その中心となっていたと考えられる。しかしその後、集団構成員の員数が増大し、都市、あるいは国家といった単位の膨大な構成員から成る集団を形成するようになると、それらの集団の支配的な地位にある者たちは、巨大な造形物や、巨大なパフォーマンス・アートによって、巨大集団の、「祈り」による統一を実現しようとするに至った。それが具体的に実現された頂点にあるものが、巨大な建築やモニュメントなどの不動産芸術作品である。

古代の都市国家、あるいは古代王国では、これらの公共建造物が数多く作られ、現在にまで伝えられているが、これらはいずれも、特定の集団の構成員に対し、その集団への帰属意識を高め、その集団の構成員の団結を図る目的で作られたものである。

それだけではなく、パフォーマンス・アートもまた、集団の「祈り」行為に利用されるようになった。古代国家における国家的な祭礼や、戦いの後行われた凱旋式典は、そのようなものの典型であり、国家単位のパフォーマンス・アートであったと言えるであろう。このようなパフォーマンス・アートには、神殿や凱旋門といったような、それらのパフォーマンス・アートの場としての、不動産造形物を伴っていることも少なくなかった。

集団的活動としての公的「祈り」は、しばしば宗教を基盤にしてなされることも多かった。キリスト教国では今日でも、クリスマスなどで受難劇を演ずる地域が少なくないが、これは、典型的な集団的祈り行為である。同じようなことは仏教や神道でも珍しくない。例えば、聖武天皇によって営まれた大仏開眼式は、仏教という宗教の下に、国家への帰属意識を高めるための、壮大な造形物とパフォーマンス・アートとの総合の試みであったと言えるであろう。

これらの公的な「祈り」に対し、個人の営む私的な「祈り」も、その起源は極めて古い。既に述べてきたように、公的な「祈り」に対応すると考えられる洞窟画が描かれた頃、既に、ホモ ピクトルムジカーリスは、様々なモビールアート作品をも作成していた。このことは、公的な「祈り」が営まれていた頃、それと同時に、既に私的なアートの行為が営まれていたことを意味している。

すなわち、アートは、その誕生間もないころから、既に公的なものと私的なものという二面性が意識されており、それぞれ独立した営みとして実践されてきたのである。公的「祈り」としてのパフォーマンス・アートは、集団の意志統一という大きな役割に沿った目的意識に基づいてなされるのに対し、私的なアートにおいては、個人の嗜好や感性といった個人的価値観が最重要テーマであり、その個人の帰属集団の目指すテーマと一致している必要はない。芸術活動というものが、社会の中に存在するヒトの活動である以上、そこには、ケストラー（Koestler A）(2)のいうホロンとしての特性が内在されているのである。すなわち、帰属集団の形成する社会の要求を満たすための芸術活動と、その集団の構成員の私的な価値観に基づく芸術活動は、必ずしも同一方向を向いているわけではなく、しばしばヤヌス（Janus）のごとく正反対を向いていることさえあり得る。

このようなアートのホロン性は、アートの誕生時から既に存在していた筈であるが、長い間にわたって大きな問題として意識されることはなかった。それは、社会集団の要求するものと、その構成員である個人の価値観との間に、大きな違いがなかったからであろう。ホモ ピクトル ムジカーリスは、長い間にわたって、アートのホロン性に気付くことがなかったと考えられるのである。言い換えるなら、個人の価値観は、長い間、個人が帰属する集団全体としての価値観のコントロール下にあったと言えよう。

アーティストとは何か

古代においても、アートの創造者としてのアーティストという存在が意識されていたことは、アーティストの名前が残っていることによって知ることができる。ギリシアの彫刻家プラクシテレス、詩人ホメロス、あるいは劇作家ソフォクレス、アリストパネス、あるいはアイスキュロスの名が今にも伝えられているということは、既にギリシア時代において、アートの創造者としてのアーティストが、社会的に認められた存在であったということを意味している。

ギリシア時代の人々にとって、人生の理想というものは、不死不滅の存在である神のごとく、不滅の名を残すことであり、アーティストとして名を残すことは、戦士や政治家として名を残すことと同一の、不滅化の条件の一つであった(3)。このことは、ギリシア時代のアーティストにとっての役割は、ギリシア都市国家の市民たちという社会集団に対するパフォーマンスとしての公的なアート活動が中心だったのであり、内面的、私的な価値観の追求ではなかったということを意味している。

これは、洋の東西を問わず、造形作品にせよ、パフォーマンス・アートにせよ、古代社会のアート活動に共通する特徴であったと思われる。すなわち、アーティストの生活を支えたのは、公的な「祈り」に伴う当然の社会的出費であると理解されていたと考えられる。言い換えるなら、石器時代からのヒトの集団としての社会は、アーティストなしには存続し得ない社会であったと言える。

このことは、わが国の古代社会においても同様であった。現在、わが国のアートとして残されている多くの有形、無形の作品は、そのほとんどが社会的な要求に応じたものであったと考えられている。土偶や埴輪、銅鐸、鏡などの造形作品に止まらず、パフォーマンス・アートとして伝えられてきた音楽、舞踊などに至るまで、ほとんどが社会的な儀式、儀礼、祭りなどのためになされたアート活動であった。本来、生活用具であったはずの土器でさえ、火焔型縄文土器の如きは、やはり社会的な儀式としての祭礼のための道具であった可能性が高い。時代が下がると、製作者の名前が残っている仏像や仏画は少なくないが、これらの造形アートもまた、宗教という社会集団の活動に供するためになされたものである。すなわち、これらの作品の造り手たちは、いわば公的なアーティストであったと言えるであろう。

しかし、そのような中で、私的な美の追求としてのアートもまた存在していた。前章で述べたように、平安貴族の間では、私的な環境の中で営まれるパフォーマンス・アートが既に存在していたことが明らかである。それらは貴族階級の人々の社会で営まれた趣味的活動の一部であり、公的アーティストとは無縁の営みであった。

一方、この時代になると、町中では琵琶法師の語りが、農村では田楽踊りが営まれ、パフォーマンス・アートは広く民衆のなかにも浸透していった。これらの民衆的パフォーマンス・アートの担い手たちは、そのアートの受け手である民衆から、何らかの収入を得ていたものと思われる。すなわち、これらのパフォーマンス・アートが盛んになってきた平安時代になると、公的な祭礼におけるアーティストではない、私的パフォーマンスのために活動する職業的なアーティストが誕生してきたと考えられる。

わが国における職業的パフォーマンス・アーティストの発展を推進したのには、能楽の発達によるところが大きいのではないかと思われる。室町時代から安土桃山時代にかけて急速に発達した能楽は、それまで社会的な儀礼の世界にあったパフォーマンス・アートが、社会から離れた私的な感性の世界へと移行していく傾向を促進した。これにより、能楽を中心とするパフォーマンス・アートだけでなく、造形作品の製作者たちをも、公的な儀礼の世界、すなわち社会的な役割を果たすことを求めた造形から、私的な価値観や、個人の感性に基づく美の追求の造形へと、その姿勢を変化させていった。

その傾向を象徴するものに、わび茶というわが国独特のパフォーマンス・アートがある。茶室という閉じられた空間の中で、公的な社会秩序とは隔絶した美の環境を形成するという営みは、アートのホロン性を極めて極端に表現している。茶室の中においては、そこに集まった人々の社会的地位はほとんど無視され、美の基準は社会的判断によるものではなく、極端に私的な美の基準であるということの営みほど、アートという営みのホロン性を表現しているものはないであろう。わび茶のホロン性は、豊臣秀吉による黄金の茶室におけるいわば公的なパフォーマンスとの対比によって、更に一層強調されることになる。茶道という新しいパフォーマンス・アートの登場により、アートという営みの公的な意味が否定され、私的な趣向に基づく美の基準が確立したと言えよう。

社会秩序という面から見れば不合理である事柄が、私的空間における感性の世界では、極めて合理的な事柄として許容されるということ、すなわち、アートというものは、正反対を向いた二つの顔からなるヤヌス(2)であり、社会体制に従属する顔と、これとは関係なく個人としての私的な価値観を主張する顔という二面性を持つのであり、社会の中の個人というホロンとしての特性を持つのだということに、ヒトははっきりと気付いたのである。

わが国におけるわび茶は、十六世紀になって発達していったが、同じ頃、西欧社会においても、当時の社会的秩序の中心であったキリスト教を離れた美の世界の追求、すなわちルネサンス運動が活発になされるようになった。この時代になって、造形芸術においても、音楽においても、世俗的な作品が世に出されるようになったのは、当時の人々が、社会的な真・善・美の基準を与え続けてきたキリスト教の規範の外に、個人的な真・善・美の基準を求めようとしたからにほかならない。ルネサンス運動においてギリシア・ローマ時代の芸術活動が再評価されるに至ったのは、やはりアートのホロン性の理解、すなわち社会秩序に従った形での美の追求と、個人的な価値観に基づく美の追求は、必ずしも方向性を共有するものではないということに気付いたからであろうと思われる。そして、近世になって生じてきた、公的なアートから私的なアートへのこの方向転換は、職業的なアーティストの立場に大きな変化を与えることとなっていった。

商品化されるアート

アートが私的な価値観、すなわち個人的な美の追求に向かえば、国家や宗教といった社会集団への帰属意識を高めるためのアートだけでなく、個人の私的な欲求を満たすためのアートを提供する職業人が必要となるのは当然である。アーティストにとって、自らの技術的才能を提供することによって生計を立てるという点だけから見るなら、アートの提供を受ける対象が、社会集団なのか個人なのかという違いに、大きな意味はないように思われるが、アートのホロン性を考えると、この違いはアーティストにとって極めて大きな意識の変化を引き起こすことになった。

先述のごとく、社会集団における公的なアート活動においては、真・善・美の基準は社会規範として与えられていたものであり、そこから逸脱するような表現は、アート活動とは認められなかったのに対し、個人の私的な価値観に基づくアート活動においては、これらの社会規範から逸脱するような表現をも許容される、あるいは求められることとなり、アーティスト側の表現の自由度が大きく広がったのである。そのようなアーティストたちの代表として挙げられるのは、ボッカチオ（Boccacio）やラブレー（Rablais）であろう。また、シェイクスピア（Shakespeare）のように、都市の劇場における演劇の興業といった、民衆個人単位のアートの被提供者をまとめる社会的なシステムを構築するアーティストも出現し、一般社会におけるアートの普及に貢献した。

同じ頃、わが国においても、連歌や俳句、狂言、歌舞伎といった一般民衆を対象としたアートが次々に興り、それを専門にする職業的アーティストが必要とされるようになった。これらの動きによって、不特定多数の人々に対してアート作品を商品化し、それによってアーティストが生計を立てる、という新しい体制を作り出していった。おおよそ十六世紀頃に至って、洋の東西を問わず、アートという活動が公的な役割だけでなく、一般民衆の価値観に基づく欲求を満たすような役割をも担うようになった。これによって、職業的アーティストが生まれ、商品化されたアート作品という新しい形態の、大衆化されたアートが生まれてきたのである。

文学や演劇の分野と異なり、造形美術の分野では、一般民衆を対象とした私的アートの職業化によるアートの商品化は遅かった。絵画の分野では、ルネサンス期のイタリアで、王侯貴族、あるいは高位聖職者たちによる個人的な造形美術作品の依頼が盛んになり、多くのアーティストが活躍したが、これらの作品は、依頼主の社会的地位を世人に示すという目的が大きかったために、作家たちには、依頼主の依頼内容に沿った作品を作り上げねばならないという作品製作上の制約が課せられていたことから、商品化されたアート作品とは言い難い側面が大きかった。これに対して、十七世紀のオランダにおいては、裕福な商人たちや、職人ギルドが、自分たちのための私的な作品を画家に依頼するようになり、レンブラント（Rembrandt）のような画家たちが、これらの注文に応じた作品を製作した。しかし、これらの作品は、やはり依頼主の希望に応じた作品が多く、商品化されたアート作品とは言い難い。

商品化されたアート作品というものは、特定の依頼人の希望によって製作されるものではなく、不特定多数の人々に対して発せられたアーティストその人の個人的なメッセージを含む作品であり、その作品そのものに対して金銭的な価値がつけられたもののことである。パフォーマンス・アートにおいては、吟遊詩人や琵琶法師といった職業的アーティストが存在していたし、教会や宮廷で演奏する音楽家たちも沢山いた。また、造形美術作品の製作者も、製作によって生計を立てていたことは事実である。しかし、長い間にわたって、パフォーマンスあるいは作品そのものに、金銭的な価値が付けられていたわけではない。アーティストたちは、パフォーマンス、あるいは造形作品製作という行為に対しての代価を受け取っていたに過ぎないのである。依頼がないのにもかかわらず製作された作品に金銭的な価値が付与されるようになった時、それは商品化されたアート作品と呼ばれ、そのような作品の製作者であるアーティストは、真の意味での職業的アーティストと呼ばれてしかるべきなのである。

このようにしてアート作品が商品化されるためには、その購買者がいなくてはならない。すなわち、一般民衆が商品化されたアート作品を購入することなしには、アートの商品化、そして商品化されたアート作品の製作者としての職業的アーティストは存在しない。洋の東西を問わず、近世以降に発達してきた市民社会の経済活動がなければ、アート作品の商品化も、職業的アーティストも生まれてこなかったと言える。西欧においては、そのような社会体制が確立するのは十八世紀末から十九世紀初頭であったが、わが国においては、江戸幕府が政治的安定期を迎えた十七世紀後半には、世界に先駆けて、様々なアートの分野においてアート作品の商品化が進み、数多くの職業的アーティストが生まれた。特に十七世紀末の元禄時代には、歌舞伎や文楽を中心とするパフォーマンス・アートや、西鶴、芭蕉らの文学活動が盛んに展開され、浄瑠璃を中心とする音楽的パフォーマンスが完成していった。また純粋音楽の分野でも八橋検校が出て、箏曲の体系を完成させている。ここに至って、わが国におけるアートは、主として個人的な価値観に基づく情緒的な表現を目指すようになり、社会集団への帰属感を目指すような公的なアート表現の重要性は、余り顧みられることがなくなってしまった。

これに対し、西欧世界におけるパフォーマンス・アートの世界、とくに音楽の世界では、宮廷や教会を中心とした公的パフォーマンス・アートの世界が優勢であり、一般民衆を対象とするような私的パフォーマンスは、ほとんど存在していなかった。ようやく、十八世紀末から十九世紀初頭にかけてヨーロッパ各地で勃発した政治革命のあおりを受けて、一般民衆にも音楽的パフォーマンス・アートに接する機会が与えられるようになり、十九世紀になると、一般民衆を対象とした演奏会などが、開かれるようになった。

複製技術とアートの商品化

このように、アートが商品化されて行く過程において、大きな役割を果たしたのは、様々な複製技術(4)の発達である。公的活動としてのアートは、特定の場所と時間に縛られた存在であった。造形美術は、それが描かれた、あるいは設置された、あるいは建設された場所に行かなければ見ることができなかったし、音楽、舞踏、演劇なども、それが演じられる時にその演じられる場に居なければ、接することはできなかった。すなわち、「いま」と「ここに」という二つの条件なしには、存在し得なかったのである(4)。この二つの条件は、私的なアート活動においては、一種の制限因子として働いた。この制限因子を打ち破ったのは、複製技術の発達である。

複製技術そのものの歴史は古い。刻印による図の複製は、メソポタミア文化や、中国の古代文化において、既に用いられているし、鋳造によって作成された様々な造形物なども、古代から行われてきた複製技術である。とくに、鋳造により作られた作品は、一定の商品価値を付与されていたと考えられる。プリニウス（Gaius Plinius Secundus）の博物誌第三四巻「銅」(5)では、古代ギリシア時代から、神々の像を青銅で鋳造してきたことが語られているが、実際今日でも、紀元前六〜五世紀頃に作られた青銅の鋳造作品は、ルーブル美術館などで見ることができる。

興味深いのは、プリニウスの博物誌第三五巻「絵画・画家」(5)に書かれている塑像術の発見についての記述である。これによると、リュシストラトゥスという人物は、石膏で生きた人物の顔の型を取り、これを用いて実物そっくりの塑像を作ったという。そしてこの方法は、塑像そのもののコピーを作成するのにも使われたという。すなわち、この方法を用いて、既に出来上がった彫像のコピーが作られていたことが窺われるのである。しかし、このような複製技術は、造形アート作品の商品化という新たな価値観の創造までには至らなかったようである。

芸術作品の複製技術として革命的な発展をもたらしたのは、十五世紀半ばにグーテンベルク（Gutenberg J）によって発明された活版印刷技術である(6)。この技術は、文字文化の急速な発展をもたらしたが、中でもその恩恵に最も浴したのは文学であった。活版印刷技術が発明されるまでは、文学作品は手書きの写本としてしか存在できなかったため、その社会的流布には大きな制限があったが、一度で大量の印刷物を作成できる活版印刷技術により、文字で書かれた作品が広く社会の隅々にまで広がっていくことができるようになった。これによって文学作品の複製化が大いに進んだことにより、文学作品の商品化が実現することとなった。それと同時に、商品化された文学作品の製作者、すなわち作家という社会的な存在が、職業として確定していった(6)。

中国を中心とする東アジア、特にわが国において、印刷技術は古くから利用されていた。ただ、中国をはじめとする漢字文化圏においては、漢字という文字体系における文字数があまりにも多く、またわが国の文字体系は、漢字と仮名という平行文字体系から成っているため、活版印刷技術は採用されず、長い間にわたって木版印刷が主流であった。木版印刷技術の起源は七世紀に遡るとされているが、八世紀後半になって製作されたわが国の百万塔陀羅尼は、現存する最古の印刷物と言われている。しかし、長い間にわたって、印刷技術は、公的な社会活動のための技術であり、民衆の芸術活動とは無関係な状態が、洋の東西を問わず、長い年月にわたって継続したのである。

印刷技術は、文学作品の商品化を進めるための技術的基盤ではあるが、印刷された文学作品が実際に商品化されるためには、印刷された文学作品を読むことのできる人々が、社会の中でどれほど存在するかという問題、すなわち社会における識字率の問題がある。洋の東西を問わず、文字というものは、社会集団の秩序を保つため、あるいは社会的な活動の記録を残すための公的な文書を作成するために必要とされたものである。したがって、読み書きの能力というものは、そのような営みに参加するごく一部の人々のみに求められたものであり、一般の人々の生活とは全く関係のないものであった。一般社会においては、民族の伝承であろうと、宗教的な祈りであろうと、あるいは社会活動の規範であろうと、それらは全て聴覚的な記憶として伝えられてきたものであり、文字で書かれたものではなかったのである。わが国においても、それは同じであり、読み書きの能力を有するものは、社会的な役割を担う貴族や官吏、あるいは神官や僧侶などの一部の人々に限られていた。

そのような社会体制が大きく変わったのは、徳川幕府による文治政策である。江戸時代と呼ばれるこの二百数十年にわたる、大きな戦争のなかった時代に、わが国における読み書きの教育は大いに進んだ。これは、戦争という非日常的な事件がなかったために実現された安定的な日常生活の中で、生活に余裕のできた民衆が求めたものが、読み書き能力の獲得であったということを意味している(7)。

筆者の曾々祖父は、江戸末期に、岐阜県不破郡の農村地帯において寺子屋を営んでいたというが、周りが農民ばかりの地域で寺子屋を営むことができていたということは、当時の読み書き教育が、日本国中の隅々に至るまで及んでいたことを示していると思われる。このような状況から、江戸時代のわが国における識字率は、当時の西欧諸国からは想像を絶するほど高いものとなっていた(8)。実際、幕末に来日したシーボルトも、その後にやってきたペリーも、日本人の識字率の高さには大いに注目しており、そのことが、欧米列強をして、武力による日本の植民地化を思いとどまらせたものと考えられている。

このような世界的にも類を見ないような識字率の高さは、江戸時代における文学作品の商品化を大きく前進させた。井原西鶴、曲亭(滝沢)馬琴、十返舎一九らの作品が読まれ、芭蕉や一茶、蕪村らの句が詠われるようになっていったのには、読み書き教育と木版印刷技術の普及が大きく関わっていると思われる。

造形美術の分野において、アートの商品化を進めたのは、版画技法の進歩、特にエッチングや、石版すなわちリトグラフの登場である。版画という造形美術の複製技法の発達により商品化された造形美術は、一般社会に広く浸透していき、真の意味で商品化され、大衆化された造形美術を生み出していった。西欧社会においても、キャンバスに描かれた原画が人気を博すると、それらの複製版画が作成され商品化されて、一般社会に広まっていった。そのような複製芸術作品が最も有効に作成され、商品化されたアートとして成功を収めた一つの例は、わが国における浮世絵版画である。浮世絵版画は最初から商品化を狙ったアート作品であり、絵師、彫師、そして刷り師、という分業体制、そしてそうやって出来上がった作品を商品として扱う、版元と呼ばれた出版社による販売経路の確保、という流通体制の確立によって発展した。その結果として、人気の出た浮世絵版画は、量産されて飛ぶように売れ、十八世紀の鈴木春信から始まり、十九世紀に入ってからの葛飾北斎、喜多川歌麿、東洲斎写楽、歌川（安藤）広重といったアーティストたちの名は社会的に有名になった。これを実現したのは、複製技術の頂点ともいうべき版画産業であった。

版画においては、膨大な数にのぼるオリジナル作品が作製され、その購入者である民衆は全て、オリジナル作品の所有者ということになる。西欧社会においても、商品化された版画作品は少なくないが、その多くは、オリジナルの油彩画の版画による複製として作成されたものが多く、一般の人々はオリジナル作品を所有できないがために、版画として作られたその複製品が偽物であることをわかっていながらも、甘んじてそれを手もとに置いていた。これに反し、江戸時代に発達したわが国の浮世絵版画というものは、複製技術による造形アートが、オリジナル作品としての商品価値をもつものとみなされ、経済活動として産業化され得ることを示したのである。これは、アートを産業化した、世界の先駆け事業の一つと言えるのではないだろうか。

鋳造彫刻という形での複製技術を用いたアートの商品化は、ギリシア時代から実現されていたと考えられる。特に、ローマ時代には、数々の鋳造彫刻が商品化され、ローマ帝国内の様々な地域へと広まっていった。今日、地中海では、古代の沈没船から多数の青銅鋳造彫刻が引き上げられているが、これらは、略奪という手段によって奪い取られたものであるかもしれないが、商品価値をもつ造形美術品として認識されていたことは確実であり、既にこの時代、鋳造による複製技術が、芸術作品を商品化する方法として確立していたことを物語っている。

今日、ロダン（Rodin A）のオリジナル・ブロンズ作品は、世界中に数多く存在する。例えば、彼の最高傑作とされる『地獄の門』は、パリのロダン美術館にも、東京の西洋美術館にも、全く同じものが存在するが、これらはいずれも、鋳造という複製技術によるオリジナル作品である。鋳造によって作成された作品は、どれも本物であり偽物という存在はない。古代ギリシア時代から行われていた複製技術は、アート作品の商品化という点において、極めて重要な技術であったのである。しかし、鋳造技術によって製作可能な作品の数は、それほど多くはない。すなわち、鋳造による複製技術は、アートの商品化には寄与したが、その複製技術が産業として成立するほどには至らなかった。

造形アートの複製技術として極めて重要なものは、一八三九年のダゲール（Daguerre LJM）による写真技術の発明である(4)。写真は、絵画よりはるかに鮮明かつ忠実に、ある時点での視覚的印象を記録に留めることを可能にした。写真の登場により、写実的な絵画より更に写実的な画像が得られることとなったため、絵画における写実性の追求に、疑問が生じてくるという結果に至ったのである。絵画という技法が、写実性という点では写真技術には太刀打ちできないということが明らかになってきたことは、十九世紀後半から二十世紀初頭にかけての西洋絵画における方向転換に繋がっていった。印象派の運動に始まる近代西洋絵画の変遷は、写実性という点の追求は写真技術に任せて、造形美術の本質とは何かということを問いかけるものであった。この変遷を、かつて筆者は「網膜絵画」から「脳の絵画」への変遷(9)として明らかにしてきたが、写真技術の登場という革命的な事件は、絵画とは何か、という造形美術における本質的な問題を、改めて考えさせることになったのである。

写真技術の写実性には多くの関心が寄せられたのに対し、その芸術作品としての複製可能性は、長い間ほとんど注目されてこなかった。このことに気が付いたのは、二十世紀初頭に興ったシュルレアリスム運動である。この運動を推進した一人である造形作家マン レイ（Man Ray）は、数々の写真を芸術作品化しているが、それらには、複製作品としての商品価値が付けられるに至っている。

パフォーマンス・アートにおける複製技術として注目すべきは、印刷楽譜の登場である。今日用いられている五線楽譜の原型である記譜法を発明したのは、グイド ダレッツィオ（Guido d'Arezzo）であるとされている(10)。彼は一〇二六年に、「Prologus in antiphonarium（アンティフォナリウム序文）」を出版して、四線譜による記譜法の体系を提唱した。彼はまた、ドレミファソラシドの階名を定めたと言われている。

その後、五線譜の形が定着するようになった。グーテンベルクによる活版印刷技術の発明から、数十年後には、早くも楽譜印刷が試みられていたようであるが、本格的な楽譜印刷が始まったのは、一五〇一年、ヴェネツィアのペトルッチ（Petrucci O）による、ジョスカンデプレ（Josquin Des Prez）などの合唱曲九六曲をまとめた「Harmonice Musices Odhecaton」の出版である(11)。彼の印刷法は、三段階から成り、まず五線譜を印刷し、その上に音符を印刷、そして最後の段階で歌詞を挿入するという方法であった。ペトルッチは、ヴェネツィア元首から、二十年間の楽譜印刷独占権を得てから楽譜出版を行ったので、しばらくは他の業者による楽譜印刷は行われなかった。その後、ロンドンで、一回の印刷による楽譜印刷法が考案され、楽譜印刷が産業として成り立つようになった。

音楽における記譜法は、わが国をふくむ東洋にも古くから存在していたが、専門の音楽演奏家や少数のアマチュア演奏家たちの間でのみ広まったに過ぎず、印刷という技術により、これを社会に広めることは全くなされなかった。音楽作品は、あくまでも演奏家によるパフォーマンスとしてのみ、社会的に存在していた。すなわち、音楽の世界においては、演奏家という職業的アーティストは存在していたが、音楽作品としての曲は、商品化されていなかったと言える。

このことから考えると、西洋音楽における楽譜印刷技術の発明とその発展は、音楽演奏の複製化を可能にし、音楽作品そのものが商品化されるきっかけとなったと言える。すなわち、印刷によって大量に複製された楽譜が広まることにより、個々の音楽作品とともに、その製作者である作曲家という職業的アーティストの役割が、社会的に認識されるようになっていったのであろう。

パフォーマンス・アートの複製技術を飛躍的に発展させたのは、エジソン（Edison TA）である。彼は、一八七七年に蝋管式蓄音機を発明し、また、一八九四年には、今日の映画に相当するキネトスコープを発明するということで、パフォーマンス・アートの複製化に大きく貢献した。

このような複製化技術が、アートの商品化につながることをしめしたのは、一八九五年のリュミエール兄弟（Auguste Lumière と Louis Lumière）によるシネマトグラフの一般公開である。彼らは、エジソンのキネトスコープを改良してスクリーン上に映像を映し出すという、今日の映画と同じ方法で作成した作品を、パリのグラン・カフェにおいて入場料を取って上映した。ここに至って、複製技術によるパフォーマンス・アートの商品化が始まったと言えるであろう。

よみがえる不動産アート

印刷技術や写真技術、そして蓄音機や映画といった複製技術の発展により、アート作品は商品化され、文芸作品も、美術作品も、そして演劇や音楽といったパフォーマンス・アートも、「いま」「ここに」という条件を持つ不動産芸術から、モビールアート作品(1)として個人の所有物の中に納まるようになった。古代においては朗読され、詠われてきた文芸作品は、個人の書棚に収容されるようになり、美術作品もまた画集として書棚を飾ることになった。様々なジャンルの音楽は、かたや印刷された楽譜として個人の家庭の楽譜台に載り、またパフォーマンス・アートは、レコードやCD、あるいはVTRやDVDとして、自宅を劇場化している。また、音楽演奏家の中には、グレングールド（Glenn Gould）のように、演奏会活動を一切行わず、複製化され商品化された自分の演奏のみを、唯一の活動手段とした人々まで現れるにいたった。更に、今日のネット社会では、これらのアート作品のほとんどは、個人の所有物として存在することなく、ネット情報として入手できるまでになっている。

このようなことは、アートという営みの根源の一つである「祈り」、すなわち社会的営みとしてのアートという側面を消し去るものであると言える。ベンヤミン（Benjamin W）は、このような複製技術の発展が、「いま」「ここに」しかないという芸術作品の一回性を失わせ、「知覚のアウラ」を消滅させたと指摘している(4)。彼の言う「知覚のアウラ」は、「いま」「ここに」しかない不動産芸術の現場で味わう圧倒的な臨場感のことであり、今日流に言えば、「オーラ」と言ったほうが良いであろう。音楽の世界では、かつて、ＣＤよりもＬＰレコードのほうが臨場感あふれる音響効果がある、あるいはないという論争がなされたことがあるが、この論争に対して、あるピアニストが、「どちらをとっても、実際の演奏に比べれば、所詮偽物である」という意味のコメントをしていた。このピアニストは、複製芸術作品における、ベンヤミンのいう「知覚のアウラ」の欠如が、アーティストにとってはいかに切実な問題であるかということに、注意を喚起したものと言える。

しかし近年になり、このような複製化され、商品化されたアートから失われた「知覚のアウラ」を取り戻すような試みが次第に広まってきている。様々な交通機関の発達により、ヒトは短時間のうちに長大な距離を移動することが、容易にできるようになった。このことが、人々が「いま」「ここに」

しかないという芸術作品の一回性に接する機会を増し、「知覚のアウラ」を体験する機会を増大させているのである。そして、そのような機会を増すに与って力を貸したのは、ほかならぬ芸術作品の複製化技術なのである。複製化された芸術作品に接した人々は、それが複製であることを知っているがために、「ほんもの」に接する機会を求めて、不動産芸術作品の現場に赴き、そこで「知覚のアウラ」を味わおうとする。このような現場で味わう「知覚のアウラ」こそが、社会的な営みとしての芸術活動、すなわち「祈り」の行為なのであろう。

今日、様々な場所で営まれているイベント・コンサートには、数万人単位の人々が集まり、「いま」「ここに」しかない一回性の芸術作品に接している。ここに集まる人々は全て、過去において複製芸術作品としての音楽を通して、「いま」「ここに」演奏される音楽作品に接してきた人々であることに間違いない。芸術作品の複製化技術の発展は、はからずも「祈り」としての芸術活動である「いま」「ここに」しかない一回性の芸術作品の意義を、人々に再発見させ、ベンヤミン(4)の言うところの「知覚のアウラ」を取り戻すことによって、そこに居合わせた人々との一体感を味わい、その集団への帰属感を高めている。これが、アートにおける「祈り」の営みでないなら、一体何だと言えるのだろうか。アートという営みの中心に、集団としての「祈り」というものがあることが、このようなところから明白になるのである。

アートの存在意義

さてここでいよいよ、ホモ サピエンスと呼ばれる生物が、何故ホモ ピクトル ムジカーリスとして生きてきたのかということに、何らかの回答を出す必要が生じてきているように思われる。

ヒトが、描き、詩を詠い、歌を歌い、楽器を演奏し、踊り、そして演劇を行うのは何故なのか。それに答えることは容易ではないが、先に述べたように、これらの営みが、言葉を話すという能力に依存して生じてきたことを考えるなら、言語能力という技術がその根源にあることは間違いがない。言語能力を獲得したことにより、ヒトはこれらのアート活動が可能であることに気付いた。そして、その能力によって実現しようとしたのは、自分とそれを取り巻く世界との関係、すなわち自分は何なのか、自分を取りまく世界は一体自分にとって何なのかを、他者に示すことではなかったかと考えられる。

ヒトが獲得した言語能力は、他者に一定の行動を起こさせることしかできないような操作的コミュニケーションだけでなく、自分の考えや感情を他者に伝えることが可能な指示的コミュニケーションを可能にした。後者の能力を用いて、自分の属する社会集団に対して、自分と世界の関係についての自らの思いを表現すること、それがアート活動の根源であろう。

自分と世界の関係について表現するという点で、アートと科学とは同じ方向を向いていると言える。しかし、ブーバー（Buber M）(12)が述べるように、科学においては、自己と世界の関係は、「我（Ich）」と「それ（Es）」の関係であり、一定不変の常に再現可能な不動の関係であるのに対し、アートがその求める対象とする自己と世界との関係は、「我（Ich）」と「汝（Du）」の関係であり、相互的、可変的、しかも一回性の関係である。

したがって、科学の本質は、自己と世界の関係を「知る」ということであるのに対し、アートの本質は、自己と世界の関係を「表現する」ということになる。

ヒトが自己と世界との関係を、「我」と「それ」の関係として知りたく思い、またそれを「我」と「汝」の関係として表現しようとすること、この二つの営みは、いずれもヒトの本能としか言いようがない。そしてその本能が、ヒトをホモ ピクトル ムジカーリスという存在にしてきたのだと、筆者は考えている。

第六章　文献

（1）横山祐之『芸術の起源を探る』（朝日選書441）、朝日新聞社、東京（一九九二年）

（2）Koestler A. Janus. Hutchinson & Co, London（1978）／田中三彦、吉岡佳子（訳）『ホロン革命』工作舎、東京（一九八三年）

（3）Arendt H. The Human Condition. Uni Chicago Press, Chicago（1958）／志水速雄（訳）『人間の

条件』（ちくま学芸文庫）、筑摩書房、東京（一九九四年）
（4）Benjamin W. Das Kunstwerk im Zeitalter seiner technischen Reproduzierbarkeit das Kunstwerk. Zeitschrift für Sozialforschung V（1）:40-66（1936）／高木久雄、高原宏平（訳）「複製技術の時代における芸術作品」（一九七〇年）／佐々木基一（編集解説）『複製技術時代の芸術』晶文社、東京（一九九九年）
（5）Plinius. Naturalis Historia.／中野定雄、中野里美、中野美代（訳）『プリニウスの博物誌　第三四巻～第三七巻』雄山閣、東京（一九八六年）
（6）McLuhan M. The Gutenberg Galaxy: The Making of Typographic Man. Univ of Toronto Press, Toronto（1962）／森常治（訳）『グーテンベルクの銀河系―活字人間の形成』みすず書房、東京（一九八六年）
（7）高橋敏『江戸の教育力』（ちくま新書692）、筑摩書房、東京（二〇〇七年）
（8）斉藤泰雄「識字能力・識字率の歴史的推移―日本の経験」広島大学教育開発国際協力センター国際教育協力論集、一五巻、五一－六二頁（二〇一二年）
（9）岩田誠『見る脳・描く脳―絵画のニューロサイエンス』東京大学出版会、東京（一九九七年）
（10）西間木真「アレッツォのグイド『アンティフォナリウム序文』訳」地中海研究所紀要、四号、一三一－一三七頁（二〇〇六年）
（11）皆川達夫『楽譜の歴史』音楽之友社、東京（一九八五年）
（12）Buber M. Ich und Du. Insel, Leipzig（1923）／植田重雄（訳）『我と汝』（岩波文庫）、岩波書店、東京（一九七九年）

おわりに

私の心の中に、「アートとは何か？」という大きな問題が芽生え、それに対しての何らかの答えを出そうという思いが生じて来たのは、一九九七年に出版した『見る脳・描く脳―絵画のニューロサイエンス』という本を執筆していた頃であるから、もう二十年以上前に遡ることになる。その時は、ヒトの描画行動にのみ注目していたため、ヒトをホモ・ピクトル (Homo pictor) と呼ぶことを提案し、描画行動の意義について考えていただけであったが、その後、洞窟画と音楽活動についての様々な研究の成果や、音楽そのものの認知考古学的研究の成果を知るにつれ、私の興味は、描画以外の表現行動、すなわちアートと総称されているヒトの営み全体に広がっていき、それらを全体として考察しなければならないと思うに至った。しかし、そのようにして広がってしまった考察対象に対して、どのように取り組んでいったらよいのであろうかという大きな問題が生じたため、身動きがとれない状態に陥ってしまい、私は、アートに対する問いかけをしばし中断せざるを得なくなってしまった。しかし、アートとは何なのか、アートを営むことはヒトにとってどんな意味があるのか、という問いかけを忘れることはなかった。

長年にわたって問い続けてきたこの問題に答えるきっかけになったのは、私自身の孫たちの描画行動の観察である。二世帯三世代が一つ屋根の下で暮らす生活をしていた環境の中で、私は、幸運にも、医科大学の教授という煩瑣な日常業務から解放される時期に、丁度描画行動を始めた孫たちの行動を、詳細に観察する機会を得ることができた。しかも、最初の孫で観察したことを、三歳年下のもう一人の孫で確認するということも可能であった。こうして彼らの描画行動を身近に観察していくにつれて、描画行動の意義がわかってくるように思えた。それと同時に、私にとって幸運だったのは、私の両親が残した私自身の発達の記録を発見したことであった。私の父母は、誕生の頃から三歳過ぎに至るまでの私の発達を日記に記録してあったが、そこには、私自身の言語能力の発達の記録と同時に、私自身が初めて描いた描画の記録も残されていたのである。私の周囲に存在していた、これらの長い時間の記録を手にしたということが、この本の執筆を始める直接の動機となった。すなわち、私の父母と私の孫たちという、四世代にわたる協力者の存在がなければ、この本は生まれなかったのである。これらの身近な資料が手に入ったことにより、洞窟画に始まるアートという営みの意味が、少しずつ見えてきたように感じた。霊長類の進化史から人類発達史へという時間軸の中だけでは解き明かすことのできなかった様々な疑問が、子供の発達段階を追うことによって、少しずつ理解できるようになっていくのを感じたところが、本書執筆の原点である。

とはいうものの、私が立ち向かった、「アートとは何か?」という問題に答えることは、一神経内科医の自分にとっては、極めて荷の重い課題となった。扱う分野の広大さに対し、私自身の知識は狭く僅少である。それに加えて、この問題を論じた多くの書物の内容はしばしば難解であり、私の能力を超えるものも少なくない。また、科学論文の中にも、私の専門分野からはかけ離れた領域のものにおいては、その内容を正しく理解することは、必ずしも容易ではなかった。したがって、理解力不足に基づく誤解もあろうかと危惧しないわけにはいかない。しかし、それでもなおかつこの書物を世に出そうと思うのは、アートと言われるものが、商品として溢れかえり、アーティストと称する人々が闊歩しているこの現代社会において、「アートとは何か?」という本質的な問題を掘り起こすことに、大きな意義があると思われたからである。その意味では、本書においては、アートの未来像を描き出す必要もあったと思われるのであるが、私自身の力不足から、今回はそこまで論ずることはできなかった。しかし、人工知能によって様々なアート作品が創造され、ロボットのアーティストがパフォーマンスを行うということが現実に起こり始めている現在、これらのヒトの手を離れていくアートの意義を考察することは、将来的に必要になると思われる。そのような問題意識を持ち続けつつ、本書を世に送り出す次第である。

本書のような既存の分野に収まりきらないものが出版できるようになったのは、中山書店・平田直社長の寛大なご理解があったからである。また、本書の制作にあたっては、同書店編集部の柄澤薫子さんに大変お世話になった。ここに、お二人に対して深甚の感謝を捧げたい。また、指背歩行をするチンパンジーの素晴らしい写真を御提供いただいた、京都大学霊長類研究所の松沢哲郎先生にも、感謝の念を表明したいと思う。

最後になるが、私自身の発達の記録を残して、この本の執筆を助けてくれた今は亡き両親に、この書物を捧げたいと思う。

二〇一七年四月

著者識

岩田 誠（いわた まこと）

1942年　東京生まれ
1967年　東京大学医学部医学科卒業
　仏サルペトリエール病院、米モンテフィオーレ病院に留学
1982年　東京大学神経内科助教授
1994年　東京女子医科大学神経内科主任教授
2004年　東京女子医科大学医学部長
2008年　東京女子医科大学名誉教授
2009年　メディカルクリニック柿の木坂設立

中山賞、仏日医学会賞、毎日出版文化賞、時実利彦記念賞特別賞を受賞
日本神経学会・日本頭痛学会・日本神経心理学会・日本高次脳機能障害学会・日本認知症学会・日本自律神経学会等名誉会員
日仏医学会名誉会長、フランス国立医学アカデミー外国人連絡会員、米国神経学会外国人フェロー

著書
『神経症候学を学ぶ人のために』（医学書院 1994）
『ペールラシェーズの医学者たち』（中山書店 1995）
『見る脳・描く脳 絵画のニューロサイエンス』（東京大学出版会 1997）
『脳と音楽』（メディカルレビュー社 2001）
『神経内科医の文学診断』（白水社 2008）
『鼻の先から尻尾まで 神経内科医の生物学』（中山書店 2013）
『上手な脳の使いかた』（岩波書店 2016）

など多数

中山書店の出版物に関する情報は，小社サポートページをご覧ください．
https://www.nakayamashoten.jp/support.html

ホモ ピクトル ムジカーリス アートの進化史

2017年5月31日　初版第1刷発行　〔検印省略〕

著者　岩田《いわた》　誠《まこと》

発行者　平田　直

発行所　株式会社中山書店
〒112-0006　東京都文京区小日向4-2-6
TEL 03-3813-1100（代表）　振替 00130-5-196565
https://www.nakayamashoten.jp/

本文デザイン・DTP　株式会社 Sun Fuerza

装丁　加藤敏和

印刷・製本　図書印刷株式会社

Published by Nakayama Shoten Co., Ltd.　Printed in Japan
ISBN978-4-521-74522-0
落丁・乱丁の場合はお取り替え致します